Access 数据库应用

主　编　范永泰　杜大志

副主编　韩建波　韩立涛　孟　瀛

参　编　孟立辉　陆　华

U0234048

北京理工大学出版社
BEIJING INSTITUTE OF TECHNOLOGY PRESS

内 容 简 介

本书共6个项目，主要包括数据库应用系统、系统初始化、信息查询、打印数据信息、管理数据信息、应用系统实现等内容。全书围绕"罗斯文"数据库系统实例建设展开，按照系统开发的一般步骤，详细讲解"罗斯文"数据库系统的开发过程，坚持"在做中学，在学中做"学用结合，在不断的实践，通过实现系统掌握数据库基础知识。

本书适合计算机数据库建设的初学者以及想要学习计算机相关知识的自学者。

图书在版编目（CIP）数据

Access 数据库应用 / 范永泰，杜大志主编. -- 北京：
北京理工大学出版社，2022.2
　ISBN 978-7-5763-1047-4

　Ⅰ. ①A… Ⅱ. ①范… ②杜… Ⅲ. ①关系数据库系统
-教材 Ⅳ. ①TP311.138

中国版本图书馆 CIP 数据核字（2022）第 029310 号

出版发行 /	北京理工大学出版社有限责任公司
社　　址 /	北京市海淀区中关村南大街 5 号
邮　　编 /	100081
电　　话 /	（010）68914775（总编室）
	（010）82562903（教材售后服务热线）
	（010）68944723（其他图书服务热线）
网　　址 /	http://www.bitpress.com.cn
经　　销 /	全国各地新华书店
印　　刷 /	定州启航印刷有限公司
开　　本 /	889 毫米×1194 毫米　1/16
印　　张 /	16
字　　数 /	300 千字
版　　次 /	2022 年 2 月第 1 版　2022 年 2 月第 1 次印刷
定　　价 /	75.00 元

责任编辑 / 张荣君
文案编辑 / 张荣君
责任校对 / 周瑞红
责任印制 / 边心超

PREFACE 前言

本书针对微软公司最新数据库软件 Access 2021，从数据库使用的实际需要出发，将基础知识与基本技能相结合，按照"以服务为宗旨，以就业为导向"的指导思想，采用"行动导向，任务驱动"的方法，将知识点穿插在"罗斯文"数据库系统实例制作的操作过程中，介绍数据库应用软件开发的实际流程与制作技巧。

本书共 6 个项目，围绕"罗斯文"数据库系统实例建设展开，按照系统开发的一般步骤，详细讲解"罗斯文"数据库系统的开发过程，坚持"在做中学，在学中做"，学用结合，在不断的实践中，通过实现系统掌握数据库基础知识。每个项目有若干任务，每个任务由"任务描述""做一做""学一学""试一试""小本子"5 个模块组成：

"任务描述"是对任务所要达到的效果进行分析，对完成本任务后应该掌握的知识加以描述。

"做一做"是采用图文并茂的方法，详细介绍完成任务所需要的操作步骤，并穿插"提个醒"，对数据库应用系统开发的注意事项进行系统、清晰的分析与归纳，极大地减少了读者学习数据库应用系统开发过程中理解和运用方面的困难。

"学一学"是对为了实现任务用到的知识点的描述，通过学习加强对数据库知识的进一步理解。

"试一试"是让学生通过自己的尝试和探索了解每一个新接触的工具特点，尝试每一个解决问题的新方法，掌握相应的数据库知识和技能。

"小本子"出现在每个任务末，用于学生自己认为比较重要、非共享的信息的整理，主要用于对与任务相关问题、比较、讨论的记录。

本书在编写时，注重激发读者的学习兴趣，力求在知识结构编排上体现循序渐进的原则，注意突出重点、分散难点，便于读者掌握；在语言叙述上注重概念清晰、逻辑性强、通俗易懂、便于理解。为了方便读者学习和教师制作教学课件，本书提供与书中实例制作配套的网络资源，其中包含本书所有实例制作和各项目学习所需素材，书中详细介绍了各项目素材的使用方法。

鉴于编写时间和水平所限，书中难免存在挂一漏万、缺陷及不足之处，敬请教育界同仁与广大读者予以批评指正。编者的电子邮箱地址为 291589120@ qq. com。

编　者

CONTENTS 目录

PROJECT 1 项目 ①

规划罗斯文系统

现代社会已经进入了信息时代，我们每天的工作和生活都离不开各种信息。面对这些海量的数据，如何对其进行有效的管理成为困扰人们的一个难题。

要解决这个难题，首先要解决数据的存储问题。其实，数据库最早也就是为解决数据的存储问题而诞生的。运用数据库，用户可以对各种数据进行合理的归类、整理，并使其转化为高效的有用的数据。

对数据进行管理最好的方法之一就是使用数据库。数据库发展到今天，它的功能已经远远超出了最初存储数据的初衷，数据库已经成为存储和处理各种海量数据最便捷的方法之一。

罗斯文数据库是 Access 自带的实例数据库，也是一个很好的学习教程。本书通过再造罗斯文数据库，让读者能对数据库的表、关系、查询、报表、窗体、切换模板、宏等内容有一个全面的了解。

任务一 ▶ 规划罗斯文系统

【任务描述】

开发一个信息管理系统需要精心的策划和充分的准备，如果事先没有周密的计划，开发者可能努力半天却无功而返。所以，在第一个任务中，我们首先学习信息系统的规划方法，了解并选择开发信息系统的软件，为以后的信息系统开发做好准备。

开发一个数据库应用系统软件项目，一定要明确这个项目具有什么功能，需要哪些表，哪些报表需要打印，数据流程如何进行等。也就是说，在使用 Access 开发数据库应用系统之前，要对所开发的系统项目进行需求分析。

需求分析就是对用户的业务活动进行分析，了解用户对数据库的使用情况，明确数据库中需要存储哪些数据，确定用户对数据库的使用要求及对数据库的完整性要求，并在此基础上确定系统的功能。这也是使用 Access 开发数据库应用系统前期的工作。

罗斯文系统的基本功能如下。

(1)基本的数据输入功能。

(2)必要的数据编辑、添加和删除功能。

(3)方便的查询功能。

(4)灵活的数据统计功能。

(5)生成各类基本报表、统计报表等的功能。

【做一做】

需求：规划一个罗斯文系统。

(1)系统调研与需求分析。

无论大的还是小的开发项目，都需要经过系统调研与需求分析阶段。我们要了解用户需要什么样的应用系统，希望这个系统具有什么样的功能，最希望这个系统帮助他解决什么样的问题。

通过调研，定位信息管理系统主要是为管理人员提供信息化管理支持，用户的需求是设计符合信息化标准的管理系统并建立相应的数据库、数据表及功能。

(2)确定系统功能与项目开发计划。

确定项目功能与项目开发计划阶段的工作，对后期系统的开发有直接指导作用，而且也是项目成败的一个重要因素，所以必须慎之又慎，详细了解用户的需求，避免歧义和模糊。用户的需求往往会随着项目的进度而发生变化，有时甚至会朝令夕改。在开发后期如果出现功能上的大变动可能会导致系统推倒重来，所以尽可能在项目实际开发之前将程序大框架与核心功能确定，项目进入实际开发阶段后，只容许细微的改动或界面、报表上的调整。当然，任何一个功能清单与开发进度计划都不可能十全十美，这需要双方的共同努力和协调。

整本教材的几个项目的所有任务构成了项目开发计划。

（3）数据库设计。

数据库是表的集合，通常一个系统只需一个数据库。数据库设计的任务就是明确系统所需的各类表、表结构及各表之间的关系等，根据需求，创建名为"罗斯文"的数据库，并创建相应的表。数据库详细设计将在本项目任务三中讲解。

> **提个醒**
>
> 数据库设计的成功与否对后续项目开发非常重要。

（4）设计界面与编写代码。

数据库创建好后，就需要设计界面和编写代码，以此来实现数据的输入、输出和处理，这就是我们常说的编程。

通过上面4个步骤，系统的前期规划工作已完成，但距离项目真正完工，还需要以下几个步骤。（我们将在"学一学"里重点给大家讲解开发一个系统所包含的全过程。）

（5）软件测试、分析、反馈与改进。

（6）编写帮助文档与操作手册。

（7）项目验收与开发小结。

（8）程序后期维护与二次开发。

【学一学】

很多初学者，甚至不少资深的 Access 开发人员都会有这样的倾向：Access 是一个快速成型的开发工具，而且修改程序十分方便快捷，所以在创建应用系统时，根本没有必要进行详细的系统调研、分析和设计。但在实际工作中，因为对程序的修改或者新增功能在几个小时甚至几分钟内就可能完成，而规范化的开发步骤反而会成为项目的拖累，影响工程的整体进度。

其实，这种想法是非常错误的，Access 一直都是一个非常优秀的开发工具。为什么它不能像其他开发语言一样开发出来那么多优秀的产品，主要的一个原因就是大家都把它当作一个"傻瓜"工具，想到哪里用到哪里，很少把它与软件工程、原型开发、对象编程等软件思想联系起来，这在很大程度上，限制了 Access 的发展，限制了 Access 开发大型应用系统的能力。

如果能彻底改变这一观念，我们会发现规范化的开发流程和开发步骤同样适用于 Access，而且，这些规范同样会大大提升系统的质量，并在很大程度上确保项目的进度并提升开发效率，同时也大大提高用户的满意度。

规范化的步骤是确保程序的质量和用户满意度的重要因素之一，开发一个系统通常包含以下 8 个步骤。

1. 系统调研与需求分析

用户一般都很清楚自己需要的是什么样的系统，但对系统内部如何实现数据的共享、数据的处理、数据的统计等细节他们根本不必知道也不想去知道。大多数的用户本身并不是专业开发人员，甚至不是熟练的计算机操作者，但是他们比我们更加熟悉具体的业务、流程及在工作中出现的问题。

在这里，开发人员的任务就是模拟出用户需要的功能。调研得越深入，了解得越多，做的系统就越贴近用户的期望。当然，仅仅调研还不够，还需要对调研出来的用户需求进行可行性分析，对用户提供的信息进行过滤和处理，去粗取精，并根据自身经验，给用户提供最佳的解决方案。

2. 确定系统功能与项目开发计划

需求分析报告出来之后，就要尽快提供给用户，因为用户可能对报告提出一些针对性的反馈意见，你必须再据此完善需求分析报告，最终，双方确定了统一的功能列表清单，然后双方签订开发合同及项目开发计划表。

项目功能清单和开发进度计划表的精确性与前期的系统调研及需求分析密切相关。调研的越详细，分析的越深入，功能清单就越能涵括用户所有的需求，开发进度计划也就越切合实际。

3. 数据库详细设计

功能确定之后，首先需要根据前面对功能的详细分析和描述进行数据库设计工作。数据库的设计关系到整个系统的架构是否合理，同时对系统的执行效率及后面的程序开发都会有直接的影响。在设计过程中，也需要用户的反馈，检查数据库的设计是否容纳了系统运行所需的信息，有没有冗余。确认初步设计方案后，再进行详细的数据库设计。设计过程中需要注意。

(1) 遵循数据库设计的三个范式。

(2) 选择合适的数据类型。

(3) 建立好表间关系及参照完整性。

(4) 设置好有效性规则。

(5) 必须有详细的设计文档，对数据库进行清晰而详尽的描述。

(6) 着手开发后，尽量不更改数据库设计，如真有必要，则必须更改相应的文档并通知所有的开发人员。

4. 设计界面与编写代码

Access 本身是个快速成型的开发工具，所以可以很快地设计出界面和编写好相应的代码，并尽快提供给用户测试。如果需要修改，则及时进行改正。一些简单的界面调整与报表设计甚至可以交给用户自己来做，这样可以调动用户的积极性，使用户参与到开发工作中来，同时也更能设计出符合他们自己需求的界面和报表。不过，适当的指导和培训是必需的。

这个阶段需要注意以下几点。

（1）用户界面必须友好且操作方便，不能华而不实。

（2）代码要尽量能够重用及优化。

（3）必要的注释与详尽的文档。

5. 软件测试、分析、反馈与改进

任何开发者都无法保证程序开发出来后完全符合工作需要且没有错误，所以程序必须经过严格的测试并不断进行改进和完善，才能最终提供给用户使用。

测试应由开发人员在开发时就开始进行，在代码编写完成后再由公司的专职测试员进行测试，以确保交给用户测试之前，已经避免大量的常规性错误或一些严重的错误。而用户测试有时更能发现一些开发者很难发现的错误。

软件的测试过程包括对各个功能部分的测试，同时也包括整个系统组合起来进行的测试。这样既可以检测出功能模块内部之间有没有错误，也可以检测出功能模块与功能模块之间的交互是否出现问题、整个系统是否稳定、得出的计算结果是否准确等。

测试过程需要在不同的环境下进行，以保证程序能适用大多数的使用环境。例如，程序在低配置的计算机上运行可能就会很慢，在低分辨率的情况下就无法完全显示等。诸如此类的情况，都会影响程序的正常使用，所以必须逐一改正。

6. 编写帮助文件与操作手册

在程序测试甚至在程序开发的时候，就要开始准备帮助文档与操作手册，而在程序测试完成之后，必须将这些文档进行整理，编写出详尽的帮助文档与操作手册给用户。这些帮助文档与操作手册除了包含基本的操作指导之外，还必须包括在测试过程中发现的问题，也需要加入一些操作技巧。

在实际实施过程中，有时一个项目的开发过程会长达一年甚至更长，而用户的人员也会有很大变化。人员的调动和更替会给系统的使用带来影响，帮助文件和操作手册能把这些影响降到最低。笔者本人在实际开发中，甚至会给用户录制系统的操作视频教程，以便初级用户能够快速熟悉系统。

编写帮助文档与操作手册目的就在于：在没有任何人的指导下，通过帮助文档和操作手册，任何用户都能成功操作应用系统，而遇到问题时也能从操作手册中找到原因及解决办法。

7. 项目验收与开发小结

程序完成并交给用户测试成功后，使用一段时间后就需要进行项目验收。项目验收是与

用户方对接人员一起，对系统的每个功能进行验收。验收的主要标准是开发初期签订的开发合同，以及后来追加的一些补充协议。

很多开发人员不太注意验收工作，而很多销售人员则太注重验收的结果。其实，验收工作不但是收款的依据，而且是界定项目应有的功能及需要追加的功能的界线。

项目验收过程中也会发现一些问题，根据问题的轻重可以与客户协商，是列入后期维护工作还是改正后再重新验收。

一个项目完成之后，整个开发小组需要进行开发小结，以总结整个开发过程的成功经验和失败教训，并在以后的开发工作中尽量避免同样的问题出现。

8. 程序后期维护与二次开发

项目验收完成并不代表开发工作就此结束了。因为程序测试时发现的错误永远是有限的，在后期的系统使用过程中，也会发现一些系统的错误并影响系统的使用。所以，程序后期的维护是十分有必要的。另外，定期维护检查工作也会保证整个系统的正常运行。对程序运行的环境检测、对数据库的备份工作、对操作手册的进一步完善，都会使整个系统运行更加顺畅。

一个好的系统并不是一成不变的。随着企业自身的发展，公司业务的变化，用户的需求也会发生改变。在系统使用过程中，用户可能需要对系统某些功能进行改进，但这影响整个系统的基本框架。这种改变，我们常称为二次开发，它只是在原来的功能上进行一些少量的改动，或增加一些新的功能。二次开发要求开发者必须熟悉原来的系统操作及内部框架，否则就会因小失大，牵一发而动全身，影响整个系统的稳定运行。

系统使用的稳定也会让我们得用户的信任，并带来下一次的开发订单。

【试一试】

试对一个工厂的仓库管理系统进行调研，并编写一套简单的仓库管理系统的开发文档，然后在后面的开发过程中，检查这份开发文档，看看开发文档有哪些地方编写得不够详细或不够完善。

【小本子】

使用思维导图将开发一个系统的步骤画出来。

任务二 了解 Access 2021

【任务描述】

Access 2021 是微软公司推出的 Access 版本，是微软办公软件包 Office 2021 的一部分。Office 2021是一款由微软公司所推出的专业办公套件。这款办公软件包较之前的版本新增了很多实用的功能，更加符合用户的使用习惯，包含 Word、PowerPoint、Excel、Access、Visio、Outlook 等。

简单来说，数据库就是存放各种数据的仓库。它利用数据库中的各种对象，记录和分析各种数据。一个数据库可以包含多个表。例如，使用 3 个表的客户管理系统并不是 3 个数据库，而是一个包含 3 个表的数据库。Access 数据库会将自身的表与其他对象（如窗体、报表、宏和模块）一起存储在单个数据库文件中。

本任务将带领大家了解 Access 2021 的相关知识。

【做一做】

需求：认识 Access 软件。

一、启动 Access 数据库

启动 Access 2021 的方法和启动其他软件的方法一样。操作步骤如下。

（1）在计算机桌面选择"开始"—"Access"命令，启动 Access 2021 程序，如图 1-2-1 所示。

（2）这时即可看到 Access 2021 的启动界面，如图 1-2-2 所示，单击"新建"—"空白数据库"，会弹出图 1-2-3 所示的对话框，确定数据库名称和保存位置之后，单击"创建"按钮，创建数据库文件。

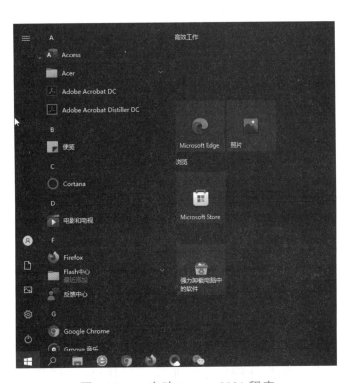

图 1-2-1 启动 Access 2021 程序

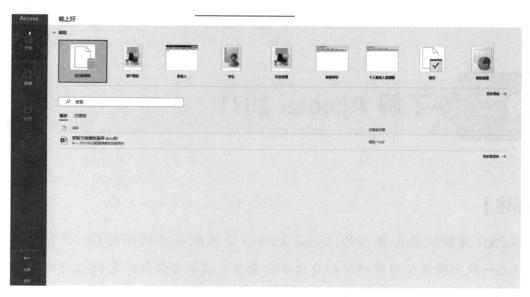

图 1-2-2 　Access 2021 的启动界面

🧑‍💻 **提个醒**

在 windows 10 操作系统上和在 windows 7 上对应用程序的显示采用不太一样的显示方式，系统会根据应用程序名称进行排序，这是操作系统界面上的一个变化。

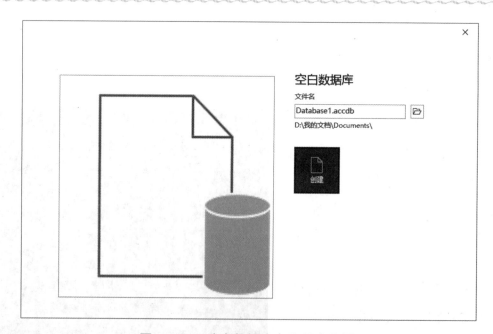

图 1-2-3 　确定数据库名和保存位置

（3）Backstage 视图。

Access 2021 程序中的"Backstage 视图"是 Microsoft Office Fluent 用户界面的创新技术，并且是功能区的配套功能。切换至"文件"选项卡即为"Backstage 视图"。"Backstage 视图"包含应用于整个数据库的命令，如"压缩和修复"或"打开新数据库"。在"Backstage 视图"中，我们可以选择打开、保存、打印、共享和管理文件，以及设置程序选项，对 Access 进行选项设置、向功能区中添加自定义按钮或命令等操作；还可以管理文件及其相关数据，例如创建、保存、检查隐藏的元数据或个人信息，以及设置选项。简而言之，我们可通过该视图对文件执行所有无法在文件内部完成的操作。

"Backstage 视图"还包含许多其他命令，这些命令可以用来调整、维护或共享数据库。"Backstage 视图"中的命令通常适用于整个数据库，而不是数据库中的对象。

二、Access2021 的界面

Access 2021 是微软公司开发的运行于 Windows 操作系统上的数据库。可以看出，Access 2021 相对于旧版本的 Access 2003，界面发生了相当大的变化，但是与 Access 2010 却非常类似。

Access 2021 采用了一种新的用户界面，这种用户界面是微软公司根据实际使用需要重新设计的，可以帮助用户提高工作效率。

一个全新的 Access 2021 界面如图 1-2-4 所示。

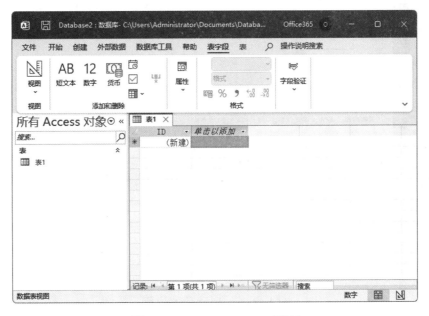

图 1-2-4　Access 2021 界面

新界面使用称为"功能区"的标准区域来替代 Access 早期版本中的多层菜单和工具栏，如图 1-2-5 所示。

图 1-2-5　功能区

"功能区"以选项卡的形式，将各种相关的功能组合在一起。使用 Access 2021 的"功能区"，可以快速查找相关命令组。例如，如果要创建一个新的窗体，可以在"创建"选项卡下找到各种创建窗体的方式。

同时，使用这种选项卡式的"功能区"，可以使各种命令的位置与用户界面更为接近，使各种功能按钮不再深深嵌入菜单中，从而大大方便了用户的使用。

总结一下，Access 2021 中主要的新界面元素包括以下几点。

1. 可用模板页

如果用户是从 Windows 桌面任务栏的"开始"菜单或桌面快捷方式启动 Access 2021，那么启动后的界面如图 1-2-6 所示。

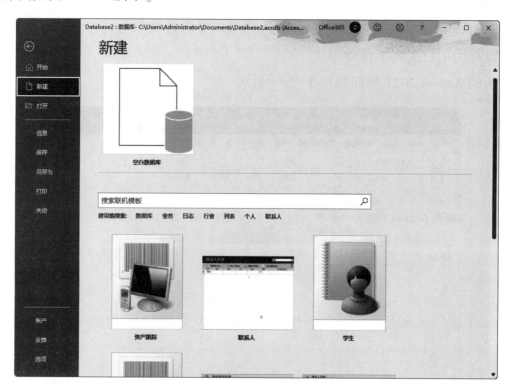

图 1-2-6　启动后的界面

> **提个醒**
>
> Access 2021 采用了和 Access 2010 扩展名相同的文件格式，扩展名为 .accdb。而 Access 2007 之前的各个 Access 版本都采用扩展名为 .mdb 的文件格式。

从图 1-2-6 中可以看到，在启动界面显示了常用的可用模板，这就是用户打开 Access 2021 以后所看到的第一项变化。

在启动界面的中间窗格下部是各种常用的数据库模板。如果模板不符合要求，还可以选择相应的分类联机搜索模板，如我们单击"行业"超链接，可以搜索显示内置的行业模板，如图 1-2-7 所示。

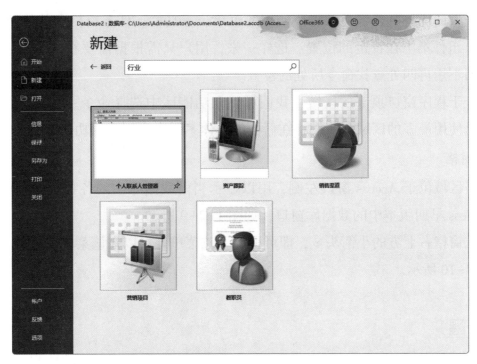

图1-2-7　行业模板

Access 2021提供的每个模板都是一个完整的应用程序，具有预先创建好的表、窗体、报表、查询、宏和表关系等。如果模板设计满足需要，则通过模板建立数据库以后，便可以立即利用数据库开始工作；否则，我们可以使用模板作为基础，对所建立的数据库进行修改，创建符合特定需求的数据库。

我们也可以通过启动界面上的"空白数据库"选项创建一个空数据库，如图1-2-8所示。

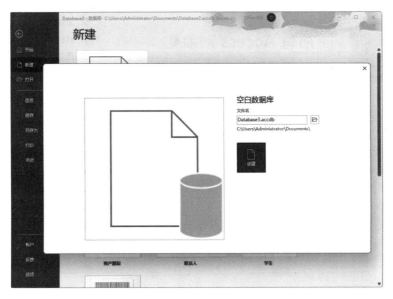

图1-2-8　创建一个空数据库

2. 功能区

功能区作为Access 2021中菜单和工具栏的主要替代工具，提供了Access 2021中主要的命令界面。

功能区最大的优势就是将通常需要使用的菜单、工具栏、任务窗格和其他用户界面(User Interface,UI)组件集中在特定的位置。这样一来,用户只需根据需要在一个特定的位置查找命令按钮,而不用再四处查找命令所处的位置。

功能区位于程序窗口顶部的区域,我们可以在功能区中选择命令。在数据库的使用过程中,功能区是使用最多的区域。我们将在后面的具体案例中详细介绍功能区。

3. 导航窗格

导航窗格区域位于 Access 窗口左侧,用以显示当前数据库中的各种数据库对象。导航窗格取代了 Access 早期版本中的数据库窗口,如图 1-2-9 所示。

单击导航窗格右上方的小箭头⊙,即可弹出下拉菜单,可以在该菜单中选择查看对象的方式,如图 1-2-10 所示。

> 💻 **提个醒**
>
> Access 2021 的"功能区"中,用"文件"选项卡替换了 Access 2007 中的微软徽标按钮。

例如,当选择"表和相关视图"命令进行查看时,各种数据库对象就会根据各自的数据源表进行分类,如图 1-2-11 所示。

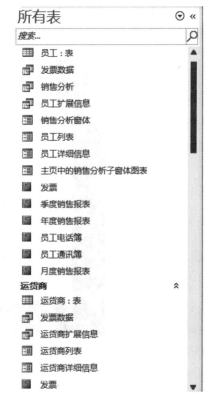

图 1-2-9 导航窗格   图 1-2-10 导航窗格下拉菜单   图 1-2-11 按"表和相关视图"查看

Access 2021 在程序窗口的左侧提供了导航窗格，用于显示数据库中的各个数据库对象。用户可以设置数据库对象的显示方式。

4. 选项卡式文档

在 Access 2021 中，默认将表、查询、窗体、报表和宏等数据库对象都显示为选项卡式窗口文档，这是 Access 2021 和 Access 2010 的区别，如图 1-2-12 所示。

图 1-2-12　选项卡式窗口文档

当然，也可以更改这种设置，将各种数据库对象显示为重叠窗口文档，具体操作步骤如下。

（1）启动 Access 2021，打开需要进行设置的数据库。

（2）单击窗口功能区左上角的"文件"选项卡，在打开的"Backstage 视图"列表中选择最下面的"选项"命令，如图 1-2-13 所示。

（3）弹出"Access 选项"对话框，在左侧导航栏中选择"当前数据库"选项，在右边的"应用程序选项"区域中选择"重叠窗口"单选按钮，再单击"确定"按钮，如图 1-2-14 所示。

（4）这样就为当前数据库设置了重叠窗口显示。重新启动数据库以后，打开几个数据表，就可以看到原来的选项卡式窗口文档变为重叠窗口文档了，如图 1-2-15 所示。

图 1-2-13　"选项"命令

图 1-2-14　选择"层叠窗口"单选按钮

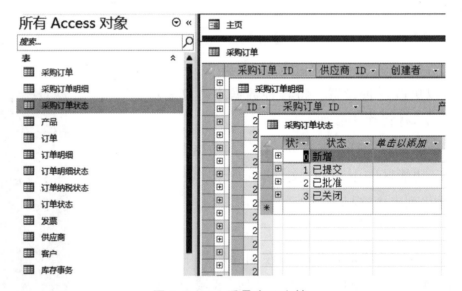

图 1-2-15　重叠窗口文档

同样的方法，选择"选项卡式文档"单选按钮，可将重叠窗口文档修改为选项卡式文档。

5. 状态栏

状态栏位于窗口底部，用于显示状态信息。状态栏中还包含用于切换视图的按钮。

下面是一个表的"设计视图"中的状态栏，如图 1-2-16 所示。

图 1-2-16　状态栏

【学一学】

一、数据库的基本功能

一个通用数据库具有以下几项基本功能。

※ 支持向数据库中添加新数据记录，如增加业务订单记录。

※ 支持编辑数据库中的现有数据，如更改某条订单记录的信息。

※ 支持删除信息记录，如果某产品已售出或被丢弃，用户可以删除关于此产品的信息。

※ 支持以不同的方式组织和查看数据。

※ 支持通过报表、电子邮件或互联网(Internet)与他人共享数据。

二、数据库系统的组成

数据库系统是由数据库(Database，DB)，数据库管理系统(Database Management System，DBMS)，支持数据库运行的软、硬件环境，数据库应用程序和数据库管理员(Database Administrator，DBA)等组成。

※ 数据库：由一组相互联系的数据文件组成，其中最基本的是包含用户数据的数据文件。数据文件之间的逻辑关系也要存放到数据库文件中。

※ 数据库管理系统：是专门用于数据库管理的系统软件，提供了应用程序与数据库的接口，允许用户逻辑地访问数据库中的数据，负责逻辑数据与物理地址之间的映射，是控制和管理数据库运行的工具。DBMS可提供的数据处理功能包括数据库定义、数据操纵、数据控制、数据维护等功能。

※ 支持数据库运行的软、硬件环境：每种数据库管理系统都有它自己所要求的软、硬件环境。一般对硬件要说明所需的基本配置，对软件则要说明其适用于哪些底层软件、与哪些软件兼容等。

※ 数据库应用程序：是一个允许用户插入、修改、删除并报告数据库中数据的计算机程序。它是由程序员用某种程序设计语言编写的。

※ 数据库管理员：是管理、维护数据库系统的人员。

三、Access数据库

Access 2021是一个面向对象的、采用事件驱动的新型关系型数据库。Access 2021提供了表生成器、查询生成器、宏生成器、报表设计器等许多可视化的操作工具，以及数据库向导、表向导、查询向导、窗体向导、报表向导等多种向导，可以使用户很方便地构建一个功能完善的数据库系统。Access还为开发者提供了VBA编程功能，使高级用户可以开发功能更加完善的数据库系统。

Access 2021还可以通过ODBC与Oracle、Sybase、FoxPro等其他数据库相连，实现数据的交换和共享。并且，作为Office办公软件包中的一员，Access还可以与Word、Outlook、Excel

等其他软件进行数据的交互和共享。

此外，Access 2021 还提供了丰富的内置函数，以帮助数据库开发人员开发出功能更加完善、操作更加简便的数据库系统。

> **提个醒**
>
> 在 Access 2021 中，用户可向自定义功能区添加"自动套用格式"命令。

下面将介绍 Access 数据库的六大数据对象。可以说，Access 的主要功能就是通过这六大数据对象来完成的。

Access 是一个功能强大的关系型数据库管理系统，作为 Office 的一部分，具有与 Word、Excel 和 PowerPoint 等软件相似的操作界面和使用环境。创建数据库是对数据进行管理的基础。在 Access 中，只有在建立数据库的基础上，才能创建数据库的其他对象，并实现对数据库的操作。数据库包括的对象有表、查询、窗体、报表、宏和模块。

1. 表

表是 Access 数据库中用来存储数据的对象，它是整个数据库系统的记录源，也是数据库中其他对象的基础。数据库创建好后，接下来应考虑用哪些方式创建表，各表之间如何通过索引来建立表之间的关系。

表是数据库最基本的组成单位。建立和规划数据库，首先要做的就是创建各种数据表。数据表是数据库中存储数据的唯一单位，各种信息分门别类地存放在各种数据表中。

表在我们的生活和工作中也是相当重要的，它最大的特点就是能够按照主题分类，使各种信息一目了然，图 1-2-17、图 1-2-18 所示的都是常用的表。

采购订单 ID	供应商 ID	创建者	提交日期	创建日期	状态 ID	预计日期
90	佳佳乐	王 伟	2006/1/14	2006/1/22	已批准	
91	妙生	王 伟	2006/1/14	2006/1/22	已批准	
92	康富食品	王 伟	2006/1/14	2006/1/22	已批准	
93	日正	王 伟	2006/1/14	2006/1/22	已批准	
94	德昌	王 伟	2006/1/14	2006/1/22	已批准	
95	为全	王 伟	2006/1/14	2006/1/22	已批准	
96	佳佳乐	赵 军	2006/1/14	2006/1/22	已批准	
97	康富食品	金 士鹏	2006/1/14	2006/1/22	已批准	
98	康富食品	郑 建杰	2006/1/14	2006/1/22	已批准	
99	佳佳乐	李 芳	2006/1/14	2006/1/22	已批准	
100	康富食品	张 雪眉	2006/1/14	2006/1/22	已批准	

图 1-2-17　采购订单表

供应商 ID	ID	产品代码	产品名称
为全	1	NWTB-1	苹果汁
金美	3	NWTCO-3	蕃茄酱
金美	4	NWTCO-4	盐
金美	5	NWTO-5	麻油
康富食品，德昌	6	NWTJP-6	酱油
康富食品	7	NWTDFN-7	海鲜粉
康堡	8	NWTS-8	胡椒粉

图 1-2-18　产品表

虽然这些表存储的内容各不相同，但是它们都有共同的表结构。表的第一行为标题行，标题行的每个标题称为字段。下面行为表中的具体数据，每一行的数据称为一条记录。

该表在外观上与 Excel 电子表格相似，因为二者都是以行和列存储数据的。这样，就可以很容易地将 Excel 电子表格导入 Access 数据库表中。

表中的每一行数据称为一条记录。记录用来存储各条信息。每一条记录包含一个或多个字段。字段对应表中的列。例如，可能有一个名为"雇员"的表，其中每一条记录(行)都包含不同雇员的信息，每一字段(列)都包含不同类型的信息(如名字、姓氏和地址等)。

提个醒

使用 Access 2021，可以轻松地从同一个"帮助"窗口同时访问"Access 帮助"和"开发人员参考"内容。

2. 查询

查询是数据库中应用最多的对象之一，可实现很多不同的功能。最常用的功能是从表中检索特定的数据。

要查看的数据通常分布在多个表中，通过查询可以将多个不同表中的数据检索出来，并在一个数据表中显示这些数据。由于用户通常不需要一次看到所有的记录，而只是查看某些符合条件的特定记录，因此用户可以在查询中添加查询条件，以筛选出有用的数据。

数据库中查询的设计通常是在查询设计器中完成的。查询设计器如图 1-2-19 所示。

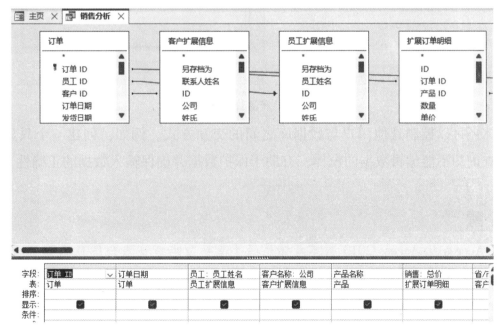

图 1-2-19　查询设计器

3. 窗体

窗体有时被称为"数据输入屏幕"。窗体是用来处理数据的界面，而且通常包含一些可执

行各种命令的按钮。

　　窗体提供了一种简单易用的处理数据的格式，而且用户可以向窗体中添加一些功能元素，如命令按钮、文本框等。用户可以对按钮进行编程来确定在窗体中显示哪些数据、打开其他窗体及报表，或者执行其他各种任务。

　　例如，可以在如图1-2-20所示的"产品详细信息"窗体中输入产品的信息。

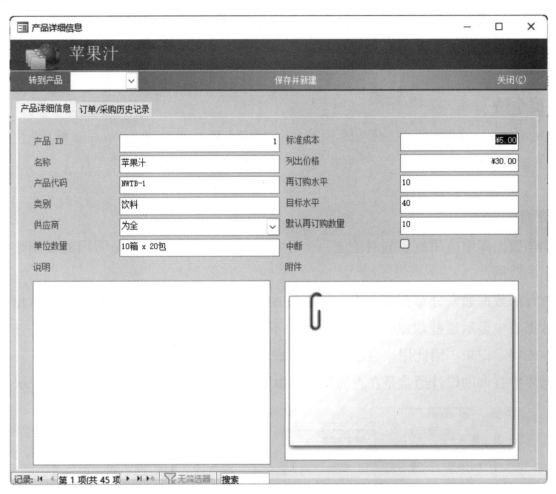

图1-2-20　"产品详细信息"窗体

　　使用窗体还可以控制其他用户与数据库之间的交互方式。例如，创建一个只显示特定字段且只允许查询却不能编辑数据的窗体，有助于保护数据并确保输入数据的正确性。

提个醒

　　不过 Access 从 Access 2013 版本开始已经不支持数据透视表视图或数据透视图视图的功能了，即 Access 2010 为最后一个支持数据透视表视图或数据透视图视图的版本。要使用数据透视表功能，必须要用 Access 2010 版本或之前的版本。

　　利用窗体，还可以创建用于程序导航的主切换面板。该面板中有各种不同的功能模块，单击某一按钮，即可启动相应的功能模块，如图1-2-21所示。

图 1-2-21　学生管理系统主切换面板

提个醒

窗体是一个数据库对象，可用于为数据库应用程序创建用户界面。绑定窗体是直接连接到数据源(如表或查询)的窗体，可用于输入、编辑或显示来自该数据源的数据。

4. 报表

如果要对数据库中的数据进行打印，使用报表是最简单且有效的方法。

报表主要用来打印或者显示特定的数据库内容，因此一个报表通常可以回答一个特定问题，如"今年每个客户的订单情况怎样?"或者"我们的客户分布在哪些城市?"。

在设计报表的过程中，可以根据该报表要回答的问题，设置每个报表的分组显示，从而以最容易阅读的方式来显示信息。

图 1-2-22 所示就是一个典型的报表的例子。

| 主页 ✕ | 前十个最大订单 ✕ |

2022年1月20日　　　14:15:49

前 10 个最大订单

#	发票 #	=1	公司	销售额
1	38	2006/3/10	康浦	¥13,800.00
2	41	2006/3/24	国皓	¥13,800.00
3	47	2006/4/8	森通	¥4,200.00
4	46	2006/4/5	祥通	¥3,690.00
5	58	2006/4/22	国顶有限公司	¥3,520.00
6	79	2006/6/23	森通	¥2,490.00
7	77	2006/6/5	国银贸易	¥2,250.00
8	36	2006/2/23	坦森行贸易	¥1,930.00
9	44	2006/3/24	三川实业有限公司	¥1,674.75
10	78	2006/6/5	东旗	¥1,560.00

图 1-2-22　销售量前 10 的订单报表

将标签报表打印出来以后，就可以将报表裁成一个个小的标签，贴在货物或者物品上，用于对该货物或者物品进行标识。图 1-2-23 所示就是一个典型的标签报表。

图 1-2-23　标签报表

5. 宏

我们可以将宏看作一种简化的编程语言。利用宏，用户不必编写任何代码，就可以实现一定的交互功能，如弹出对话框、单击按钮打开对话框等。

图 1-2-24 所示就是一个宏对话框的例子。

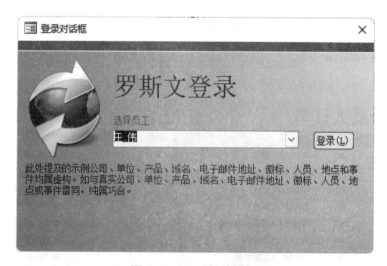

图 1-2-24　宏对话框

通过宏，可以实现的功能有以下几项。

※ 打开/关闭数据表、窗体，打印报表和执行查询。

※ 弹出提示信息框，显示警告。

※ 实现数据的输入和输出。

※ 在数据库启动时执行操作等。

※ 筛选查找数据记录。

宏的设计一般都是在宏生成器中完成的。单击"创建"选项卡下的"宏"按钮，即可新建一个宏，并进入宏生成器，如图1-2-25所示。

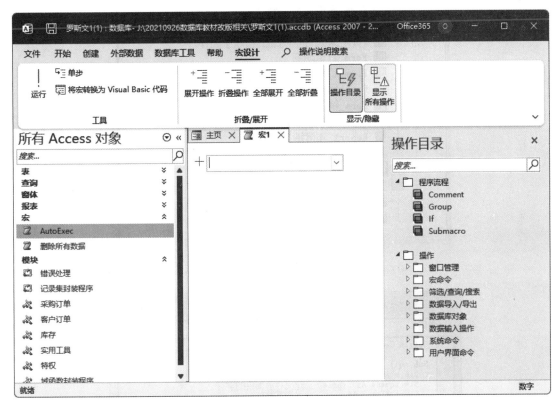

图1-2-25　宏生成器

6. 模块

模块是声明、语句和过程的集合，它们作为一个单元存储在一起。模块可以分为类模块和标准模块两类。类模块中包含各种事件过程，标准模块包含与任何其他特定对象无关的常规过程，如图1-2-26所示。

在图1-2-26中的工程管理器中，可以看到有多个标准模块和多个窗体模块。在数据库的导航窗格中的"模块"对象下列出了标准模块，同时也列出了类模块，如图1-2-27所示。

模块是由各种过程构成的，过程就是能够完成一定功能的VBA语句块。图1-2-28所示为一个能够计算出圆面积的Sub过程。

图1-2-26　模块

图 1-2-27　导航窗格中的模块

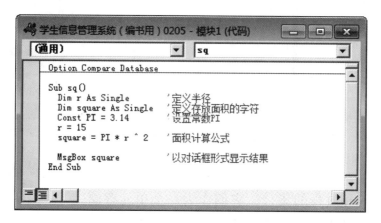

图 1-2-28　计算圆面积的 Sub 过程

提个醒

　　值得说明的是，Access 2021 不再支持数据访问页对象。如果希望在 Web 上部署数据输入窗体并在 Access 中存储所生成的数据，则需要将数据库部署到微软公司的 Windows SharePoint Services 3.0 服务器上，使用 Windows SharePoint Services 所提供的工具实现所要求的目标。

【试一试】

　　(1)启动计算机中的 Access 2021，观察新版本 Access 的界面新特征。

　　(2)理解 Access 2021 相对于其他版本 Access 的界面特征和功能特性，理解 Access 数据库

相对于其他数据库的优、缺点。

（3）对 Access 2021 的六大数据库对象了然于心，熟悉各个对象的功能与特点。

【小本子】

_____

_____

_____

任务三　创建罗斯文数据库

【任务描述】

本任务首先创建一个"罗斯文"数据库文件，如图 1-3-1 所示；然后对这个数据库文件进行操作，包括打开、保存和关闭数据库；接着创建任务所需的表。

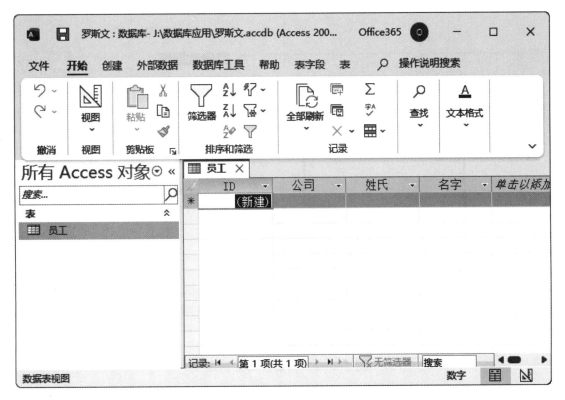

图 1-3-1　创建的"罗斯文"数据库

【做一做】

需求：创建"罗斯文"数据库。

1. 创建数据库

创建一个名为"罗斯文"的 Access 数据库。数据库文件的扩展名为 . accdb。Access 所提供的各种对象都存放在这个数据库文件中。

首先应该明确数据库各个对象之间的关系。通过前面的任务，我们已经知道数据库中有 6 个对象，分别为表、查询、窗体、报表、宏和模块。而数据库，就是存放各个对象的容器，执行数据仓库的功能。因此在创建数据库系统之前，最先做的就是创建一个数据库。

在 Access 2021 中，可以用多种方法建立数据库，既可以使用数据库建立向导，也可以直接建立一个空数据库。建立了数据库以后，就可以在里面添加表、查询、窗体等数据库对象了。

先建立一个空数据库，以后根据需要向空数据库中添加表、查询、窗体、宏等对象，这样能够灵活地创建更加符合实际需要的数据库系统。

建立"罗斯文"数据库的操作步骤如下。

（1）启动 Access 2021，并进入"Backstage 视图"，在起始页右侧窗格中单击"空白数据库"或者在左侧导航窗格中单击"新建"命令，接着在中间窗格中单击"空白数据库"选项，弹出图 1-3-2 所示的对话框。

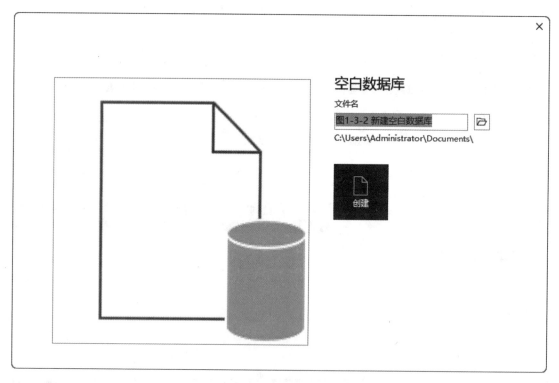

图 1-3-2　新建空白数据库

（2）在右侧窗格中的"文件名"文本框中输入新建数据库的名称"罗斯文 . accdb"，再单击"创建"图标按钮，如图 1-3-3 所示。

空白数据库

文件名

罗斯文.accdb

J:\数据库应用\

图 1-3-3　创建"罗斯文"数据库

提个醒

若要改变存放新建数据库文件的位置，可以在图 1-3-3 中单击"文件名"文本框右侧的文件夹图标◻，弹出"文件新建数据库"对话框，选择文件的存放位置，接着在"文件名"文本框中输入文件名称，再单击"确定"按钮即可。

这时将新建一个空白数据库，并在数据库中自动创建一个数据表，如图 1-3-4 所示。

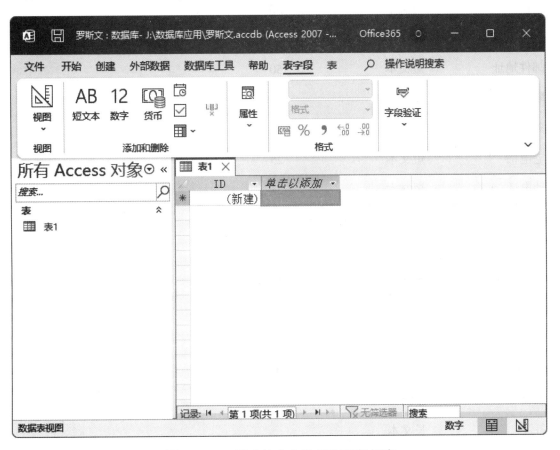

图 1-3-4　新建的空白数据库和数据表

2. 设计表

　　表是整个数据库的基本单位，同时，它也是所有查询、窗体和报表的基础。那么什么是表呢？简单来说，表就是特定主题的数据集合，它将具有相同性质或相关联的数据存储在一起，以行和列的形式来记录数据。

　　根据之前的需求分析及数据库详细设计，我们设计了员工表，如表 1-3-1 所示。

表 1-3-1　员工表

字段名称	数据类型	字段大小	有无索引	说明
ID	自动编号	长整型	有	主键
公司	短文本	50		
姓氏	短文本	50		
名字	短文本	50		
电子邮件地址	短文本	50		
职务	短文本	50		
业务电话	短文本	25		
住宅电话	短文本	25		
移动电话	短文本	25		
传真号	短文本	25		
地址	长文本			
城市	短文本	50		
省/市/自治区	短文本	50		
邮政编码	短文本	15		
国家/地区	短文本	50		
主页	超链接			
备注	长文本			
附件	附件			

在更多的情况下，用户必须自己创建一个新表。这需要用到"表设计器"。用户需要在表的"设计视图"中完成表的创建和修改。

我们将在项目二详细讲解创建表的方法。

【学一学】

学习数据库的新建、打开、关闭与保存的基本操作。

1. 新建数据库

在"做一做"里，我们学习了创建空白数据库的方法。Access 还提供了使用模板创建数据库的方法，一共提供了 8 个数据库模板。使用数据库模板，用户只需要进行一些简单操作，就可以创建一个包含了表、查询等数据库对象的数据库系统。

下面利用 Access 2021 中的模板，创建一个"联系人"数据库，具体操作步骤如下。

（1）启动 Access 2021，单击"新建"选项，从列出的 8 个模板中选择需要的模板，这里选择"联系人"模板，如图 1-3-5 所示。

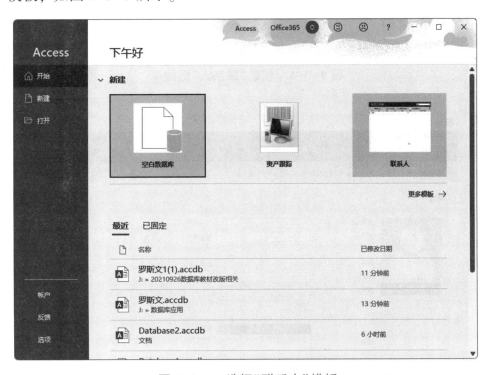

图 1-3-5 选择"联系人"模板

（2）在弹出的对话框中的"文件名"文本框中输入数据库文件名"联系人 . accdb"，然后单击"创建"按钮。需要注意的是目前的模板都是在线模板，程序会自动从网上下载模板完成数据库的创建。创建的数据库如图 1-3-6 所示。

这样就利用模板创建了"联系人"数据库。单击"联系人列表"选项卡下的"新建联系人"按钮，弹出图 1-3-7 的"联系人详细信息"对话框，即可输入新的联系人资料了。

图 1-3-6 创建"联系人"数据库

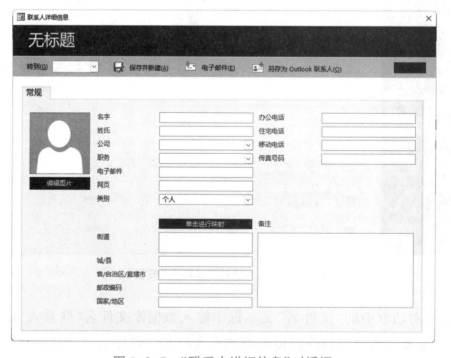

图 1-3-7 "联系人详细信息"对话框

可见，通过数据库模板可以非常快速地创建专业的数据库系统，但是这些数据库系统有时不太符合要求，因此最简便的方法就是先利用模板生成一个数据库，然后进行修改，使其符合要求。

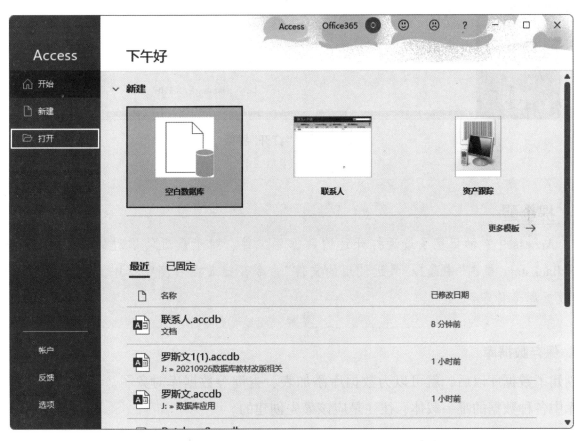

提个醒

还可以通过使用快捷键来新建和打开数据库，方法如下。

按下"Ctrl+N"组合键，新建一个空数据库。

按下"Ctrl+O"组合键，打开一个数据库。

2. 打开数据库

在创建了数据库后，以后用到数据库时就需要打开已创建的数据库，这是数据库操作中最基本、最简单的操作。下面就以实例介绍如何打开数据库，操作步骤如下。

（1）启动 Access 2021，在打开的"Backstage 视图"中选择"打开"命令，如图 1-3-8 所示。

图 1-3-8　在"Backstage 视图"中选择"打开"命令

（2）在"打开"界面中选择要打开的数据库文件。单击中间部位的"这台电脑"，在文件列表中找到需要打开的数据库文件，即可打开选中的数据库，如图 1-3-9 所示。如果文件列表中没有所需数据库文件，单击中间部位的"浏览"，弹出"打开"对话框，选择所需数据库文件，单击"打开"按钮。

图 1-3-9 "打开"界面

3. 保存数据库

　　创建了数据库以后，就可以为数据库添加表、查询等数据库对象了。一般而言，表作为数据库中各种数据的唯一载体，往往是应该最先创建的。

　　创建数据库，并为数据库添加了表等数据库对象后，就需要对数据库进行保存操作，以保存添加或修改的项目。另外，用户在处理数据库时，一定要养成随时保存的习惯，以免出现错误导致大量数据丢失。

　　保存数据库的操作步骤如下。

　　单击功能区上方的"文件"选项卡，在打开的"Backstage 视图"中选择"保存"命令，即可保存数据库，如图 1-3-10 所示。

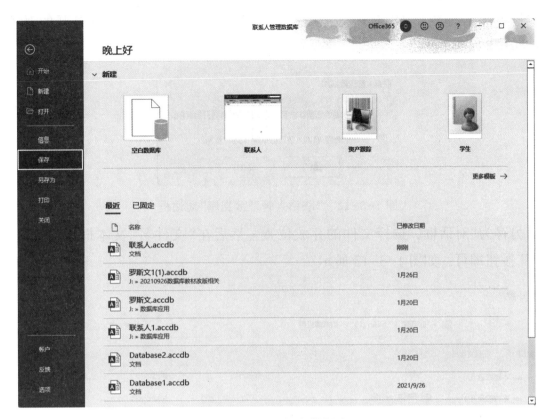

图 1-3-10 保存数据库

选择"另存为"命令，继续选择"数据库另存为"，可更改数据库的保存位置和文件名，如图 1-3-11 所示。

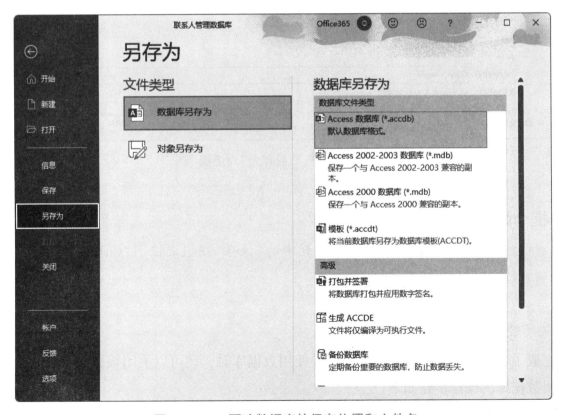

图 1-3-11 更改数据库的保存位置和文件名

弹出"联系人管理数据库"对话框，提示保存数据库前必须关闭所有打开的对象，单击"是"按钮即可，如图 1-3-12 所示。

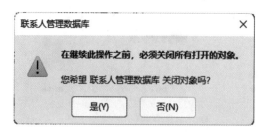

图 1-3-12　"联系人管理数据库"对话框

弹出"另存为"对话框，选择文件的存放位置，然后在"文件名"文本框中输入文件名称，单击"保存"按钮即可，如图 1-3-13 所示。

图 1-3-13　"另存为"对话框

提个醒

我们还可以通过单击快速访问工具栏中的"保存"按钮或按下"Ctrl+S"组合键来保存编辑后的数据库文件。

4. 关闭数据库

在完成了数据库的保存后，当不再需要使用数据库时，就可以关闭数据库了。

关闭数据库的操作步骤如下。

单击窗口右上角的"关闭"按钮▣，即可关闭数据库，如图 1-3-14 所示。

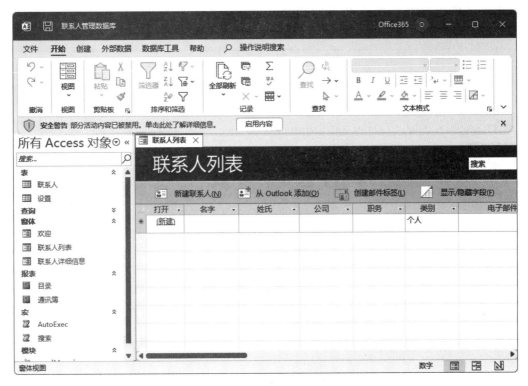

图 1-3-14　单击"关闭"按钮

单击"文件"选项卡，在打开的"Backstage 视图"中选择"关闭"命令，也可以关闭数据库，如图 1-3-15 所示。

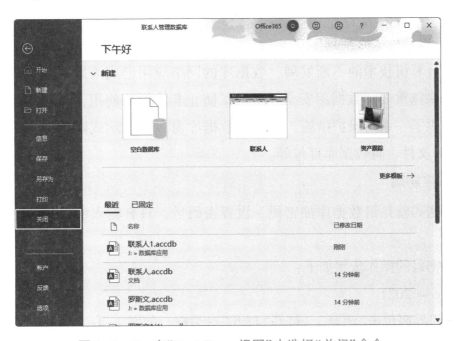

图 1-3-15　在"BackStage 视图"中选择"关闭"命令

【试一试】

(1)新建一个"联系人"数据库，并对其进行个性化的设置与修改。

(2)利用模板建立一个"家庭库存"数据库。

(3)练习数据库的打开、保存和关闭操作。

任务四 ▶ 数据库的管理与安全设置

【任务描述】

随着计算机网络的发展，数据库的网络应用也越来越广泛。在这种环境下，我们必须考虑数据库的管理及其中数据的安全。Access 提供了对数据库进行管理和安全维护的有效方法。

本任务主要学习如何设置数据库的密码、对数据进行备份、由数据库生成 ACCDE 文件（数据库可执行文件）。

【做一做】

需求：设置/撤消数据库密码。

分析：随着计算机技术的不断发展，数据库的网络应用已成为发展的必然趋势，数据库的安全维护也越来越重要。数据库安全就是为了防止非法用户使用、破坏或盗取数据库中的数据。Access 提供了一系列保护措施，包括在数据库窗口中显示或隐藏对象、设置数据库密码、生成 ACCDE 文件、将数据库打包等。

1. 设置数据库密码

设置数据库密码就是给数据库加密码。设置密码后，只有输入所设置的密码才能打开该数据库。

设置数据库密码的操作步骤如下：

(1)启动 Access 2021。

(2)在"打开"界面单击"浏览"，打开"打开"对话框，如图 1-4-1 所示。

(3)在"打开"对话框中，单击右下角"打开"按钮后面的下拉按钮，选择"以独占方式打开"选项，选择"罗斯文.accdb"文件，打开数据库。

(4)单击 Access 窗口功能区上方的"文件"选项卡，在"Backstage 视图"的"信息"界面选择"用密码进行加密"选项，如图 1-4-2 所示，打开"设置数据库密码"对话框，如图 1-4-3 所示。

图 1-4-1 "打开"对话框

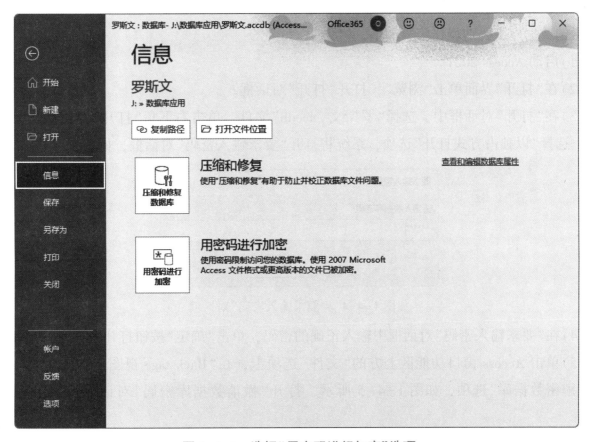

图 1-4-2 选择"用密码进行加密"选项

图 1-4-3　"设置数据库密码"对话框

（5）在"设置数据库密码"对话框中，在"密码"文本框中输入密码，在"验证"文本框中输入相同的密码，单击"确定"按钮即可。

提个醒

如果丢失了数据库密码，将无法打开数据库。因此，在设置数据库密码之前，最好进行数据库备份。

2. 撤销数据库密码

撤销数据库密码与设置数据库密码的操作基本一样，首先要以独占方式打开数据库，然后撤销数据库密码。

撤销数据库密码的操作步骤如下。

（1）启动 Access 2021。

（2）在"打开"界面单击"浏览"，打开"打开"对话框。

（3）在"打开"对话框中，选择"罗斯文 . accdb"文件，单击右下角"打开"按钮后面的下拉按钮，选择"以独占方式打开"选项，系统将打开"要求输入密码"对话框，如图 1-4-4 所示。

如图 1-4-4　"要求输入密码"对话框

（4）在"要求输入密码"对话框中输入正确的密码，单击"确定"按钮打开数据库。

（5）单击 Access 窗口功能区上方的"文件"选项卡，在"Backstage 视图"的"信息"界面中选择"解密数据库"选项，如图 1-4-5 所示，打开"撤消数据库密码"对话框，如图 1-4-6 所示。

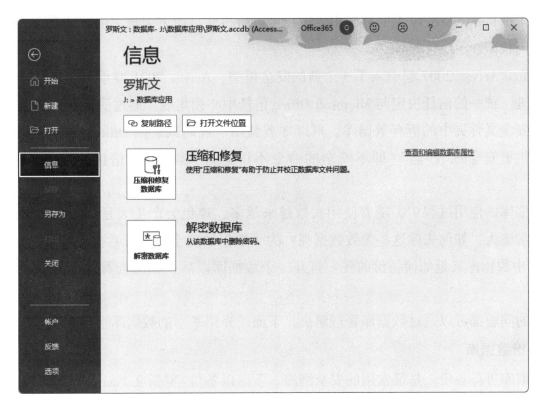

图 1-4-5 选择"解密数据库"选项

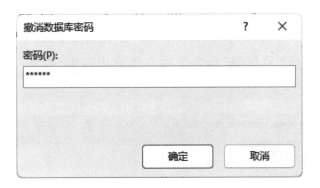

图 1-4-6 "撤消数据库密码"对话框

（6）在"撤销数据库密码"对话框中输入正确的密码，单击"确定"按钮即可撤销数据库密码。

提个醒

Office 2021 提供了新的加密技术，此加密技术比 Office 2007 提供的加密技术更加强大，并且在 Access 2021 中，用户可以根据自己的意愿使用第三方加密技术。

【学一学】

Access 2021 利用增强的安全功能及与 Windows SharePoint Services 的高度集成，可以更有效地管理数据，并能使信息跟踪应用程序比以往更加安全。通过将跟踪应用程序数据存储在

Windows SharePoint Services 上的列表中，用户可以审核修订历史记录、恢复已删除的信息及配置数据访问权限。

自 Office Access 2007 起引入了一个新的安全模型，Access 2021 继承了此安全模型并对其进行了改进。统一的信任决定与 Microsoft Office 信任中心相集成。通过受信任位置，可以很方便地信任安全文件夹中的所有数据库。可以加载禁用了代码或宏的 Office Access 2021 应用程序，以提供更安全的"沙盒"（即不安全的命令不得运行）体验。受信任的宏以"沙盒"模式运行。

在数据库的使用过程中，随着使用次数越来越多，难免会产生大量的垃圾数据，使数据库变得异常庞大，如何去除这些无效数据呢？为了数据的安全，备份数据库是最简单的方法，在 Access 中数据库又是如何备份的呢？打开一个数据库以后，如何查看这个数据库的各种信息呢？

所有的问题都可以通过数据库管理解决，下面就介绍基本的数据库管理方法。

1. 备份数据库

对数据库进行备份，是最常用的安全措施。下面以备份"罗斯文 . accdb"数据库文件为例，介绍如何在 Access 2021 中备份数据库。

操作步骤如下。

（1）在 Access 2021 程序中打开"罗斯文 . accdb"数据库，然后单击"文件"选项卡，并在打开的"Backstage 视图"中选择"另存为"命令，在右侧列表框中"高级"栏里选择"备份数据库"选项，如图 1-4-7 所示。

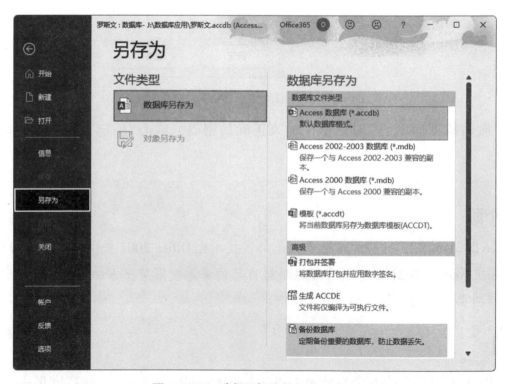

图 1-4-7　选择"备份数据库"选项

（2）系统弹出"另存为"对话框，默认的备份文件名为"数据库名+备份日期"，如图 1-4-8 所示。

图 1-4-8 "另存为"对话框

（3）单击"另存为"对话框右下角的"保存"按钮，即可完成数据库的备份。

提个醒

数据库的备份功能类似于文件的"另存为"功能，其实利用 Windows 的"复制"功能或者 Access 的"另存为"功能都可以完成数据库的备份工作。

2. 查看数据库属性

对于一个新打开的数据库，可以通过查看数据库属性来了解数据库的相关信息。下面以查看"罗斯文"数据库的属性为例进行介绍，具体操作步骤如下。

（1）启动 Access 2021，打开"罗斯文 .accdb"文件。

（2）单击 Access 窗口功能区上方的"文件"选项卡，在打开的"Backstage 视图"中选择"信息"，再单击最右侧"查看和编辑数据库属性"超链接，如图 1-4-9 所示。

（3）在弹出的"罗斯文 .accdb 属性"对话框的"常规"选项卡中显示了文件类型、存储位置与大小等信息，如图 1-4-10 所示。

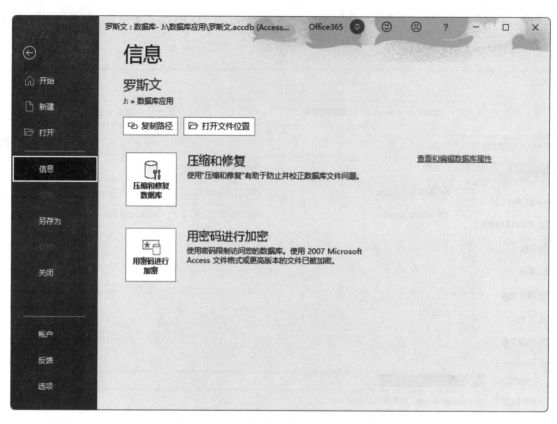

图 1-4-9　查看和编辑数据库属性

图 1-4-10　"罗斯文 . accdb 属性"对话框"常规"选项卡

提个醒

在数据库使用过程中，数据库的文件量会越来越大。通过修复和压缩数据库，可以移除数据库中的临时对象，大大减小数据库的文件量，从而提高系统的打开和运行速度。我们可以单击选择各个选项卡来查看数据库的相关内容。需特别注意的是：为了便于以后的管理，建议尽可能地填写"摘要"选项卡的信息。这样即使是不同的人进行数据库维护，也能清楚数据库的内容。

3. 生成 ACCDE 文件

由数据库生成 ACCDE 文件的过程，就是对数据库进行编译、删除所有可编辑的代码并压缩数据库的过程。ACCDE 文件可以打开和运行，但 ACCDE 文件中的设计窗体、报表或模块等不能修改。下面由"罗斯文"数据库生成 ACCDE 文件，具体操作步骤如下。

（1）在 Access 2021 程序中打开"罗斯文 . accdb"数据库。

（2）单击"文件"选项卡，并在打开的"Backstage 视图"中选择"另存为"命令，在右侧列表框的"高级"栏中选择"生成 ACCDE"选项，如图 1-4-11 所示。

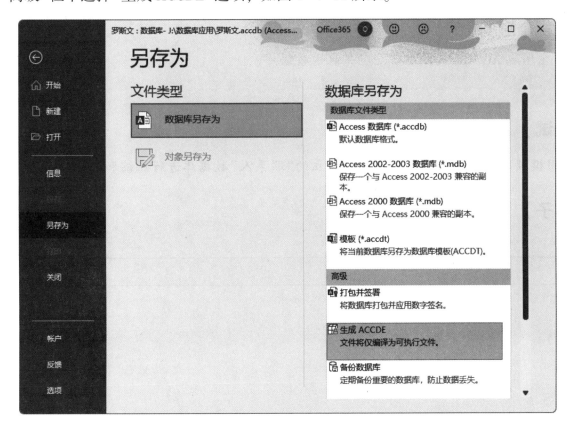

图 1-4-11　选择"生成 ACCDE"选项

（3）弹出"另存为"对话框，选择要保存 ACCDE 文件的位置，输入 ACCDE 文件的名称，单击"保存"按钮即可另存为 ACCDE 文件，如图 1-4-12 所示。

图 1-4-12　另存为 ACCDE 文件

📖 **提个醒**

在生成 ACCDE 文件之前，应先启用数据库。

【试一试】

利用模板建立"联系人"数据库，对建立的"联系人"数据库进行压缩和备份操作。

【小本子】

_____

_____

PROJECT 2

项目 ②

系统初始化

　　表是 Access 数据库的基础，是存储和管理数据的对象，也是数据库其他对象的数据来源。

　　本项目将通过创建"罗斯文"数据库所需的表及录入数据，介绍建立表的各种方法，以及如何设置表的属性提高表工作效率、如何设置表数据显示外观、如何操作表的结构、如何操作表中数据、如何设置表之间关系、如何导入导出数据。本项目所需创建的表如图 2-0-1 所示。

表	⊙ ≪
搜索...	🔎
⊞ 采购订单	
⊞ 采购订单明细	
⊞ 采购订单状态	
⊞ 产品	
⊞ 订单	
⊞ 订单明细	
⊞ 订单明细状态	
⊞ 订单纳税状态	
⊞ 订单状态	
⊞ 发票	
⊞ 供应商	
⊞ 客户	
⊞ 库存事务	
⊞ 库存事务类型	
⊞ 特权	
⊞ 销售报表	
⊞ 员工	
⊞ 员工特权	
⊞ 运货商	
⊞ 字符串	

图 2-0-1　"罗斯文"数据库所包含的表

 任务一 ▷ 创建产品表

【任务描述】

产品表保存的是产品的基本信息，包括"供应商ID""ID""产品代码""产品名称"等。本任务将通过使用设计视图创建产品表并录入产品信息，介绍使用设计视图创建表、录入数据、显示数据的方法。产品表的结构如表2-1-1所示。

表2-1-1　产品表的结构

字段序号	字段名称	数据类型	说明
1	供应商ID	数字	
2	ID	自动编号	
3	产品代码	短文本	
4	产品名称	短文本	
5	说明	长文本	
6	标准成本	货币	采购时报价
7	列出价格	货币	销售时报价
8	再订购水平	数字	需要进行采购的库存数量
9	目标水平	数字	重新采购后要达到的库存水平
10	单位数量	短文本	
11	中断	是/否	
12	最小再订购数量	数字	
13	类别	短文本（查阅向导）	查阅向导内容为：焙烤食品和混合食品；饮料；点心；水果和蔬菜罐头；肉罐头；谷类；土豆片；快餐；调味品；奶制品；干果和坚果；谷类；果酱；蜜饯；油；意大利面食；酱油；汤
14	附件	附件	存放产品相关文件
15	产品照片	OLE对象	

【做一做】

1. 需求分析

需求：创建产品表并录入数据。

分析：使用表设计视图创建产品表结构，在数据表视图中录入数据。

2. 使用设计视图创建产品表结构

（1）单击"创建"选项卡"表格"组中的"表设计"按钮，如图2-1-1所示，打开新建表的设计视图，如图2-1-2所示。

图2-1-1 单击"表设计"按钮

图2-1-2 表设计视图

（2）在表设计视图中单击"字段名称"列第一行单元格，输入字段名"供应商ID"，在"数据类型"列第一行单元格中单击，显示出下拉按钮▼，单击下拉按钮显示数据类型列表，如图2-1-3所示，选择"数字"。

（3）单击"字段名称"列第二行单元格，输入字段名"ID"，在"数据类型"列第二行单元格中单击，显示出下拉按钮▼，单击下拉按钮显示数据类型列表，选择"自动编号"。

（4）添加"产品代码"字段，"数据类型"选择"短文本"。

添加"产品名称"字段，"数据类型"选择"短文本"。

图 2-1-3　数据类型列表

添加"说明"字段，"数据类型"选择"长文本"。

添加"标准成本"字段，"数据类型"选择"货币"，在说明单元格输入"采购时报价"。

添加"列出价格"字段，"数据类型"选择"货币"，在说明单元格输入"销售时报价"。

添加"再订购水平"字段，"数据类型"选择"数字"，在说明单元格输入"需要进行采购的库存数量"。

添加"目标水平"字段，"数据类型"选择"数字"，在说明单元格输入"重新采购后要达到的库存水平"。

添加"单位数量"字段，"数据类型"选择"短文本"。

添加"中断"字段，"数据类型"选择"是/否"。

添加"最小再订购数量"字段，"数据类型"选择"数字"。

（5）单击"字段名称"列第十三行单元格，输入字段名"类别"，在"数据类型"列第十三行单元格中单击，显示出下拉按钮▾，单击下拉按钮显示数据类型列表，选择"查阅向导..."，弹出"查阅向导"对话框，如图 2-1-4 所示。

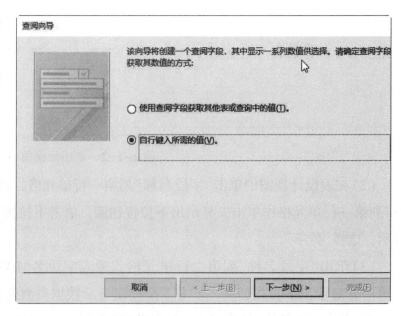

图 2-1-4　查阅向导对话框

提个醒

　　"使用查阅字段获取其他表或查询中的值"单选按钮是从其他表或查询中查出数据填充到查阅向导所添加的下拉列表中。

　　"自行键入所需的值"单选按钮是在下一步由用户直接输入数据填充到查阅向导所添加的下拉列表中。

　　选择"自行键入所需的值"单选按钮，单击"下一步"按钮，在"列数"文本框中输入"1"，如图 2-1-5 所示。在"第 1 列"的各行分别输入数据，如图 2-1-6 所示。

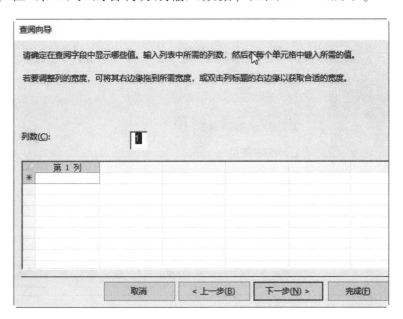

图 2-1-5　在"列数"文本框中输入"1"

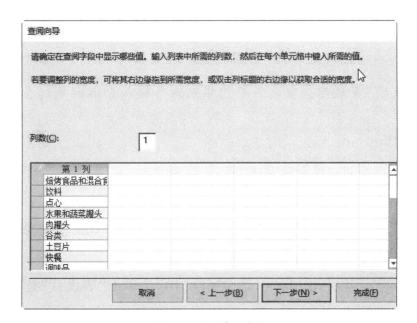

图 2-1-6　输入数据

"第1列"下数据的顺序,即为查阅向导所添加的下拉列表中数据的顺序。

单击"下一步"按钮,为查阅字段指定标签,如图2-1-7所示。标签默认为字段名称,这个不需要修改。

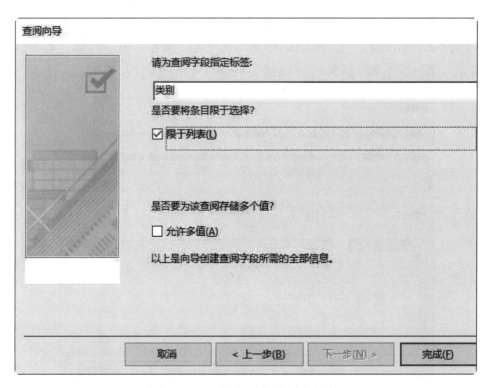

图2-1-7 为查阅字段指定标签

选中"限于列表"复选框,则这列单元格数据只能从查询向导列表选择指定数据,不能输入。

单击"完成"按钮,查阅向导设置完成。

(6)添加"附件"字段,"数据类型"选择"附件"。

添加"产品照片"字段,"数据类型"选择"OLE 对象"。注:OLE 为对象链接与嵌入(Object Link and Embedding)的缩写。

(7)定义主键。单击字段名称"ID",选中字段"ID",单击"表设计"选项卡"工具"组中的"主键"按钮，"ID"字段名称左边出现钥匙标志,表示将"ID"字段设为主键,如图2-1-8所示。

（8）最后单击"保存"按钮 ，在弹出的"另存为"对话框中输入表名称"产品"，如图2-1-9所示。

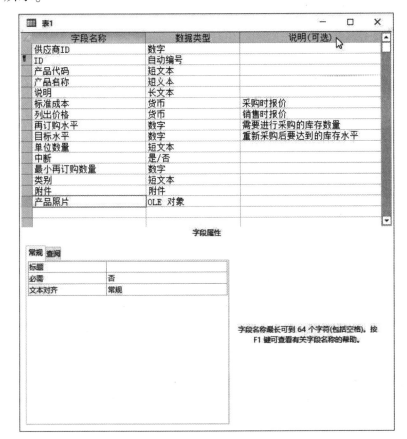

图2-1-8　产品表结构

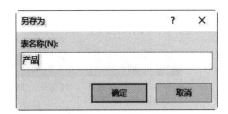

图2-1-9　"另存为"对话框

单击"确定"按钮，保存产品表。

提个醒

在保存表时如果没建主键，会弹出"尚未定义主键"对话框，如图2-1-10所示，单击"是"会自动添加"ID"自动编号类型字段，并设置为主键，单击"否"不定义主键保存。

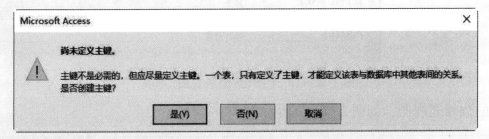

图2-1-10　"尚未定义主键"对话框

提个醒

如何选择字段数据类型，可以参考以下几点。

（1）如果存储的数据为汉字、字母、标点符号，则选择"短文本"，内容如果可能超过 255 个字符，则选择"长文本"。

（2）如果存储的数据为数字并且需要进行算术运算，则选择"数字"或"货币"类型。如果存储的数据是数字但不需要进行算术运算，也可以选择"短文本"或"长文本"，例如手机号码。

（3）如果要存储图像、Word 文件、Excel 文件等，可以选择"OLE 对象"。

（4）如果一个单元格要存放多个图像、Word 文件、Excel 文件等，可以选择"附件"。

3. 添加产品数据

单击"表设计"选项卡"视图"组"视图"按钮下的下拉按钮，在其下拉菜单中选择"数据表视图"选项，如图 2-1-11 所示。

图 2-1-11　选择"数据表视图"选项

打开表的数据表视图，如图 2-1-12 所示。

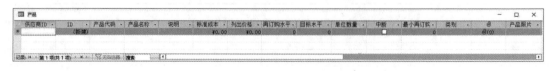

图 2-1-12　数据表视图

切换表视图的方法如下。

方法1：打开表后，单击"表设计"选项卡"视图"组"视图"按钮下的下拉按钮▾，在其下拉菜单中选择所需视图。

方法2：在导航窗格中双击表名，打开表的数据表视图。

方法3：在导航窗格中右击表名，在弹出的快捷菜单中选择"打开"以数据表视图打开，选择"设计视图"以设计视图打开。

单击"供应商 ID"下单元格，输入"4"；单击"产品代码"下单元格，输入"NWTB-1"；单击"产品名称"下单元格，输入"苹果汁"；"说明"下单元格没有内容，可以空着不输入。

"ID"字段类型为自动编号，这种类型的字段内容不需要填，也不能填，默认系统会自动按"1、2、3……"的顺序自动填充。

按上述方法为"标准成本""列出价格""再订购水平""目标水平""单位数量"下的单元格分别输入"5""30""10""40""10 箱×20 包"。

苹果汁是正常销售产品，没有中断，"中断"下的复选框不变。单击"最小再订购数量"下单元格，输入"10"。

单击"类别"下单元格，在单元格中出现下拉按钮▾，单击下拉按钮显示出在创建表时通过查阅向导设置的数据，选择"饮料"类别，如图 2-1-13 所示。

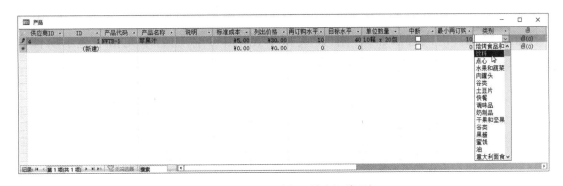

图 2-1-13　选择"饮料"类别

双击"附件"下单元格，打开"附件"对话框，如图 2-1-14 所示。

单击"附件"对话框中的"添加"按钮，打开"选择文件"对话框，如图 2-1-15 所示，选中"苹果汁图片"文件，单击"打开"按钮，把选中的图片添加到"附件"对话框中。

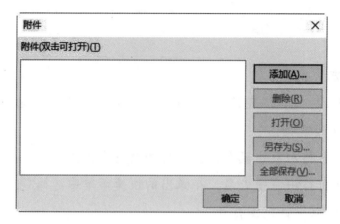

图 2-1-14 "附件"对话框

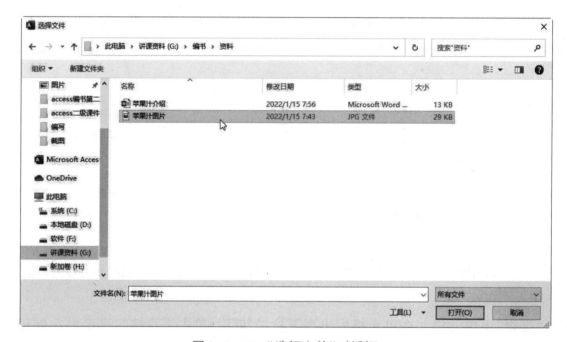

图 2-1-15 "选择文件"对话框

再次单击"添加"按钮，添加"苹果汁介绍"文件到"添加"对话框中，如图 2-1-16 所示。单击"确定"按钮，将选择的内容添加到"附件"类型单元格中。添加后单元格中显示所保存附件的个数，如图 2-1-17 所示。

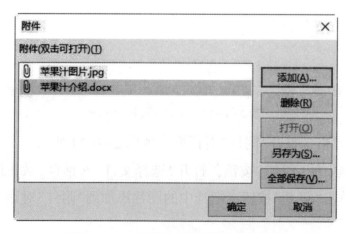

图 2-1-16 添加"苹果汁介绍"文件

提个醒

双击"附件"类型单元格也可以打开"附件"对话框。

在"附件"对话框中，添加附件后只有单击"确定"按钮才把添加的附件保存到单元格中，如果单击"取消"按钮，则放弃添加附件。

在"附件"对话框中，选中指定附件，单击"删除"按钮，可以从单元格中删除附件。

在"附件"对话框中，选中指定附件，单击"打开"按钮，可以使用关联的软件打开文件，例如选中 Word 文档类型的附件，单击"打开"按钮，使用 Word 打开文档。

在"附件"对话框中，选中指定附件，单击"另存为"按钮，可以把单元格中的附件复制到本地磁盘。

在"附件"对话框中，单击"全部保存"按钮，可以把单元格中的附件全部复制到本地磁盘指定目录。

图 2-1-17　附件单元格信息

提个醒

在数据表视图中，"是/否"类型字段值默认使用复选框表示，选中复选框表示"是"，未选中复选项表示"否"，通过单击进行切换。

"长文本"类型的字段值输入和"短文本"类型的一样，直接输入。

右击"产品照片"下单元格，弹出快捷菜单，如图 2-1-18 所示，选择"插入对象"命令，弹出插入对象对话框，选择"由文件创建"单选按钮，如图 2-1-19 所示。

图 2-1-18　快捷菜单

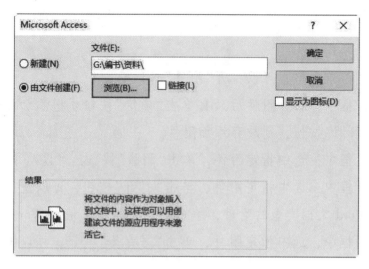

图 2-1-19　插入对象对话框

单击"浏览"按钮，弹出"浏览"对话框。

选择图片文件"苹果汁照片 1"，如图 2-1-20 所示，单击"确定"按钮返回插入对象对话框，单击"确定"按钮插入图片。

图 2-1-20　"浏览"对话框

提个醒

如果图片插入错误，可以采用重新插入的方法，用新插入的图片把以前的图片覆盖。

如果要删除图片，可以选中有图片的单元格，单击键盘上"Delete"键。

双击插入图片的单元格，可以使用关联软件打开图片。如图 2-1-21 所示。

图 2-1-21　使用关联软件打开图片

单击"供应商 ID"下第二行单元格，输入"10"，录入第二条记录，以此类推，输入其他表数据，如图 2-1-22 所示。

供应商 II·	ID ·	产品代码 ·	产品名称 ·	说明 ·	标准成本 ·	列出价格 ·	再订购水马·	目标水平 ·	单位数量 ·
4	1	NWTB-1	苹果汁		¥5.00	¥30.00	10	40	10箱 x 20包
10	3	NWTCO-3	蕃茄酱		¥4.00	¥20.00	25	100	每箱12瓶
10	4	NWTCO-4	盐		¥8.00	¥25.00	10	40	每箱12瓶
10	5	NWTO-5	麻油		¥12.00	¥40.00	10	40	每箱12瓶
6	6	NWTJP-6	酱油		¥6.00	¥20.00	25	100	每箱12瓶
2	7	NWTDFN-7	海鲜粉		¥20.00	¥40.00	10	40	每箱30盒
8	8	NWTS-8	胡椒粉		¥15.00	¥35.00	10	40	每箱30盒
6	14	NWTDFN-14	沙茶		¥12.00	¥30.00	10	40	每箱12瓶
6	17	NWTCFV-17	猪肉		¥2.00	¥9.00	10	40	每袋500克

记录: ⊮ ◄ 第9项(共45项 ► ⊮ ▶ 无筛选器　搜索

图 2-1-22　输入其他数据

提个醒

按"Tab"键可以切换各个单元格，进而输入或修改数据。

【学一学】

1. 表简介

表是整个数据库的基本单位，同时它也是所有查询、窗体和报表的基础，简单来说，表

就是特定主题的数据集合，它将具有相同性质或相关联的数据存储在一起，以行和列的形式来记录数据。

2. 表的组成

表由两部分组成：表结构和表内容。表结构是指表的框架，包括字段名称、数据类型、字段属性等，规定表中每一列的名称、存放什么样的数据、这一列的宽度、数据输入显示的格式等。表内容就是存放在表中的数据，即记录。

创建表的步骤为先创建表结构，再录入数据。

3. 字段的命名规则

(1)名称长度为 1~64 个字符。

(2)可以包含汉字、字母、数字、空格和其他字符，但不能用空格开头。

(3)不能包含句号(.)、感叹号(!)和中括号([ ])。

(4)不能使用 ASCII 码为 0 到 32 的字符。

4. 表各部分术语

表各部分术语如图 2-1-23 所示。

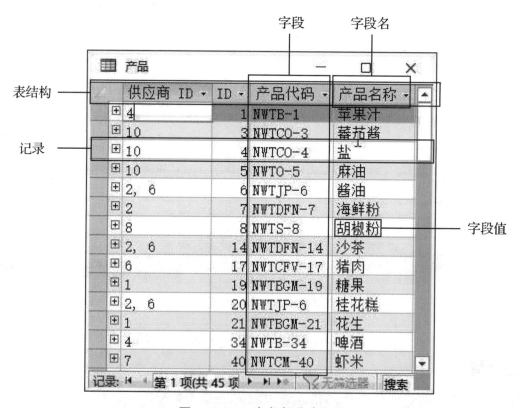

图 2-1-23　表各部分术语

表中第一行为表的结构，其他每行叫作一条记录，每列叫作一个字段，每列的标题叫作字段名，每列中的数据叫做字段值。

5. 数据类型

每个表中的同一列应具有相同的数据特征，这就是数据类型。数据类型决定了数据的存储内容、多少和使用方式。Access 2021 提供了 14 种数据类型，包括短文本、长文本、数字、货币、是/否、自动编号、OLE 对象、日期/时间、日期/时间已延长、查阅向导、计算、超链接、附件、大型页码，本次介绍 10 种。

（1）短文本。

短文本类型用于储存文本或文本和数字的组合，以及不需要进行计算的数字，例如电话号码。该类型最多可以存储 255 个字符。

（2）长文本。

长文本类型用于存储较长的文本或数字，如果存储的内容超过 255 个字符可以使用长文本类型，如文章正文等，最多可以存储 63 999 个字符。

（3）数字。

数字类型用于存储需要进行算术计算的数值数据，用户可以通过"字段大小"属性来设置数值的取值范围。数字类型的种类及取值范围如表 2-1-2 所示。

表 2-1-2　数字类型的种类及取值范围

种类	取值范围	最多小数位数	字段长度（字节）
字节	$0\sim255$	0	1
整数	$-32\,768\sim32\,767$	0	2
长整数	$-2\,147\,483\,648\sim2\,147\,483\,647$	0	4
单精度数	$-3.4\times10^{38}\sim3.4\times10^{38}$	7	4
双精度数	$-1.797\,34\times10^{308}\sim1.797\,34\times10^{38}$	15	8
小数	精度最大为 28 位	28	12

注：精度为小数位数和整数位数之和。

（4）是/否。

是/否类型用于存储只包含两个可能值中的一个的数据。在 Access 中，"−1"表示"是"值，"0"表示"否"值。字段长度固定为 1 个字节。

（5）货币。

货币类型是数字类型的特殊类型，等价于数字类型的双精度数，向货币类型字段输入数据时，系统会自动添加货币符号、千位分隔符，小数位固定 2 位。货币类型字段长度固定为 8 个字节。

（6）自动编号。

自动编号类型的字段是不允许用户添加修改的。当向表中添加新记录时，Access 会自动插入一个唯一的递增顺序号。当删除表中含有自动编号字段的记录时，Access 不会对表中自动编号型的字段值进行重新编号。当添加一条记录时，Access 不再使用已被删除的自动编号型字段的值，而是按递增的规律为其继续赋值。自动编号类型字段长度固定为 4 个字节。

（7）附件。

附件类型用于存储所有种类的文档和二进制数据，它可以将图像、电子表格文件、文档、图表等各种文件附加到数据库记录中，一个附件类型数据单元格可以添加多个文件。附件类型字段最大容量为 2 GB，对于非压缩的附件，该类型最大容量大约为 700 KB。

（8）查阅向导。

使用查阅向导可以让用户在录入或修改字段值时出现下拉列表，从下拉列表中选择要录入或修改的值，不用输入。下拉列表的数据来源于已有表、查询中的查询结果或直接输入。

（9）OLE 对象。

OLE 对象类型用于存储链接或潜入的对象，这些对象以文件的形式存在，其类型可以是 Office 文档、图像、声音或其他二进制数据。一个单元格只能插入一个 OLE 对象。OLE 对象字段最大容量为 1 GB。

（10）超链接。

超链接类型用于存储以文本形式保存的超链接，当单击一个超链接数据时，自动打开浏览器显示超链接地址所指向的内容。

6. 表的视图

操作表常用的视图有两种：设计视图和数据表视图。设计视图用于查看、修改表的结构，数据表视图用于查看、修改表中的数据。

7. 表设计视图

表设计视图分为上、下两个部分。上半部分为字段输入区，从左至右分别为"字段选定器""字段名称""数据类型""说明"。字段选定器用来选择某一个字段；字段名称用来输入表中某一字段的名称；数据类型用来选择该字段的数据类型；说明用于对该字段进行详细解释或说明，没必要可以不输入。下半部分是字段属性区，用于设置字段的属性值。

8. 主键

在 Access 中一个表只能有一个主键，它是唯一标识表中每一条记录的一个字段或多个字段的组合，不能为 NULL 值。主键有两种：单字段主键和多字段主键。单字段主键是以一个字段作为主键来唯一标识表中的记录。多字段主键是以两个或两个以上的字段作为主键来唯一标识表中的记录。单字段主键的字段值不能相同，多字段主键的字段组合值不能完全相同。

定义主键的方法是先选中作为主键的一个或多个字段，再单击"主键"按钮 🔑。

取消主键的方法是先选中作为主键的某个字段，再单击"主键"按钮 🔑。

在设计视图中选中多个不连续字段的方法为：单击第一个要选择的字段左边的字段选择器，再按下"Ctrl"键，单击第二个、第三个……要选择的字段选择器。

在设计视图中选中多个连续字段的方法为：单击第一个要选择的字段左边的字段选择器，再按下"Shift"键单击最后一个要选择的字段选择器。

【试一试】

（1）创建供应商表，结构如表2-1-3所示，记录按给定示例录入。

表 2-1-3　供应商表结构

序号	字段名称	数据类型	序号	字段名称	数据类型
1	ID	自动编号	10	地址	长文本
2	公司	短文本	11	城市	短文本
3	姓氏	短文本	12	省/市/自治区	短文本
4	电子邮件地址	短文本	13	邮政编码	短文本
5	职务	短文本	14	国家/地区	短文本
6	业务电话	短文本	15	主页	超链接
7	住宅电话	短文本	16	备注	长文本
8	移动电话	短文本	17	附件	附件
9	传真号	短文本			

（2）创建订单明细状态表，结构如表2-1-4所示，记录按给定示例录入。

表 2-1-4　订单明细状态表结构

序号	字段名称	数据类型	序号	字段名称	数据类型
1	状态 ID	数字	2	状态名	短文本

（3）创建客户表、员工表、运货商表，结构和供应商表相同，记录按给定示例录入。

【小本子】

总结本任务知识点，画出思维导图把它们串联起来。

_____

_____

任务二　创建订单明细表

【任务描述】

订单明细表保存的是产品销售的详细信息，包括"ID""订单 ID""产品 ID""数量""单价"

"折扣""状态 ID""分派的日期""采购订单 ID""库存 ID"等字段。本任务将通过使用数据表视图创建订单明细表并录入订单明细信息，介绍使用数据表视图创建表的方法。订单明细表的结构如表 2-2-1 所示。

表 2-2-1 订单明细表结构

序号	字段名称	数据类型	序号	字段名称	数据类型
1	ID	自动编号	7	状态 ID	数字
2	订单 ID	数字	8	分派的日期	日期/时间
3	产品 ID	数字	9	采购订单 ID	数字
4	数量	数字	10	库存 ID	数字
5	单价	货币	11	金额	计算
6	折扣	数字			

金额的计算公式为：单价×数量×(1-折扣)。

 【做一做】

1. 需求分析

需求：创建订单明细表并录入数据。

分析：使用数据表视图创建订单明细表并录入数据。

2. 创建订单明细表结构

(1)单击"创建"选项卡"表格"组中的"表"按钮，打开新建表的数据表视图，数据表视图自动添加一个字段"ID"，这个字段是"自动编号"类型的，如图 2-2-1 所示。

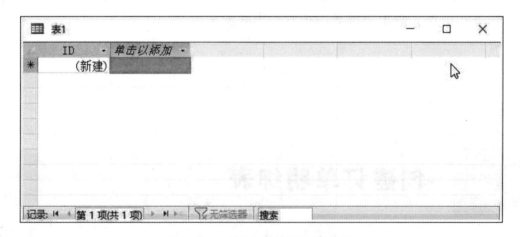

图 2-2-1 新建表的数据表视图

单击"单击以添加"，显示下拉菜单，如图 2-2-2 所示，选择"数字"类型。

图 2-2-2　下拉菜单

原来的"单击以添加"变为"字段 1"，并且是可编辑状态，如图 2-2-3 所示，把"字段 1"改为"订单 ID"。

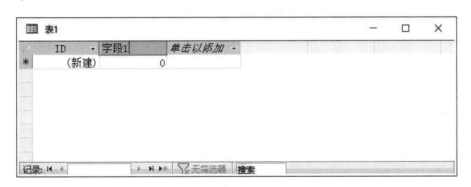

图 2-2-3　修改字段名

单击"单击以添加"，选择"数字"类型，输入"产品 ID"。

单击"单击以添加"，选择"数字"类型，输入"数量"。

单击"单击以添加"，选择"货币"类型，输入"单价"。

单击"单击以添加"，选择"数字"类型，输入"折扣"。

单击"单击以添加"，选择"数字"类型，输入"状态 ID"。

单击"单击以添加"，选择"日期/时间"类型，输入"分派的日期"。

单击"单击以添加"，选择"数字"类型，输入"采购订单 ID"。

单击"单击以添加"，选择"数字"类型，输入"库存 ID"。

单击"单击以添加"，选择"计算字段"-"数字"类型，弹出"表达式生成器"对话框，输入

"[单价]*[数量]*(1-[折扣])"，如图2-2-4所示，单击"确定"按钮，输入字段名"金额"。

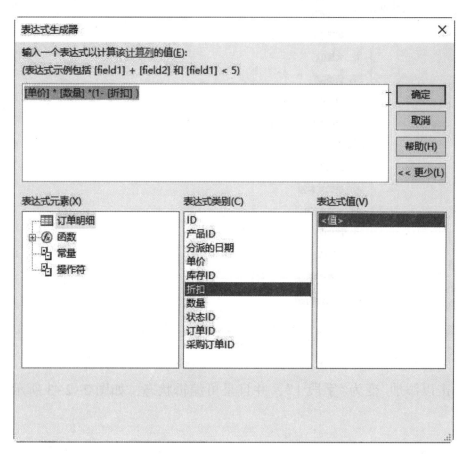

图2-2-4 "表达式生成器"对话框

提个醒

在Access的表达式中，字段名要用中括号([ ])括起来，否则系统不会认为它是字段。

在"表达式生成器"对话框中可以通过双击"表达式类别"列表框中的字段名，把它添加到上边的输入框中，方便添加表达式中使用的字段。

单击其他单元格确认操作，如图2-2-5所示。单击"保存"按钮 圆 保存表，表名为"订单明细"。

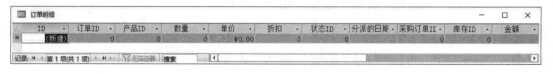

图2-2-5 订单明细表

3. 添加订单明细数据

"ID"字段为自动编号类型，不需要录入。单击"订单ID"下第一行单元格，输入"30"；单击"产品ID"下第一行单元格，输入"34"；单击"数量"下第一行单元格，输入"100"；单击

"单价"下第一行单元格，输入"14"；单击"状态 ID"下第一行单元格，输入"2"；单击"分派的日期"下第一行单元格，输入"2021/10/20"；单击"采购订单 ID"下第一行单元格，输入"96"；单击"库存 ID"下第一行单元格，输入"83"。"金额"字段为计算字段，不需要输入数据。如图 2-2-6 所示。

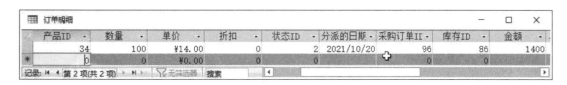

图 2-2-6　录入订单明细记录

提个醒

"日期/时间"和"日期/时间延长"类型的字段值默认输入格式为"年-月-日"或"年/月/日"。如果设置了字段属性输入掩码，按输入掩码规定的输入。

单击"订单 ID"下第二行单元格输入"30"，继续输入数据，以此类推，输入全部数据，如图 2-2-7。

产品 ID	数量	单价	折扣	状态 ID	分派的日期	采购订单 I	库存 ID	金额
34	100	¥14.00	0.00%	2	2021/10/20	96	83	1400
80	30	¥3.50	0.00%	2			63	105
7	10	¥30.00	0.00%	2			64	300
51	10	¥53.00	0.00%	2			65	530
80	10	¥3.50	0.00%	2			66	35
1	15	¥18.00	0.00%	2			67	270
43	20	¥46.00	0.00%	2			68	920
19	30	¥9.20	0.00%	2		97	81	276
19	20	¥9.20	0.00%	2			69	184

记录：第 1 项(共 60 项)　无筛选器　搜索

图 2-2-7　输入全部数据

【学一学】

下面介绍 3 种数据类型。

（1）日期/时间。

日期/时间类型用于存储日期、时间或日期时间组合，字段长度固定为 8 个字节。

（2）日期/时间延长。

相比日期/时间类型，日期/时间延长类型可以存储的日期/时间范围更大、精度更高。

（3）计算。

计算类型字段用于显示计算结果。计算时必须引用同一张表中的其他字段。我们可以使用表达式生成器创建计算公式。计算字段的字段长度固定为 8 个字节。计算字段的内容不需要输入，也不能输入，在显示数据时自动根据给定公式计算并显示结果。

【试一试】

(1)使用数据表视图创建订单表，结构如表2-2-2所示，记录按给定示例录入。

表2-2-2　订单表结构

序号	字段名称	数据类型	序号	字段名称	数据类型
1	订单ID	自动编号	11	发货邮政编码	短文本
2	员工ID	数字	12	发货国家/地区	短文本
3	客户ID	数字	13	运费	货币
4	订单日期	日期/时间	14	税款	货币
5	发货日期	日期/时间	15	付款类型	短文本
6	运货商ID	数字	16	实际付款日期	日期/时间
7	发货名称	短文本	17	备注	长文本
8	发货地址	长文本	18	税率	数字
9	发货城市	短文本	19	纳税状态	数字
10	发货省/市/自治区	短文本	20	状态ID	数字

(2)使用数据表视图创建订单纳税状态表，结构如表2-2-3所示，记录按给定示例录入。

表2-2-3　订单纳税表结构

序号	字段名称	数据类型	序号	字段名称	数据类型
1	ID	数字	2	纳税状态名称	短文本

(3)使用数据表视图创建订单状态表，结构如表2-2-4所示，记录按给定示例录入。

表2-2-4　订单状态表结构

序号	字段名称	数据类型	序号	字段名称	数据类型
1	状态ID	数字	2	状态名	短文本

(4)认真思考"罗斯文"数据库中各表哪个或哪些字段适合做主键，并设置主键。

【小本子】

总结本任务知识点，画出思维导图把它们串联起来。

任务三 提高表的操作效率

【任务描述】

录入、编辑数据是一项非常繁重的工作，容易出错。Access 中的字段属性功能，用于说明字段所具有的特性，可定义数据的保存、处理和显示方式。本任务将为产品表、订单明细表各字段设置属性，以提高表的操作效率。具体包括字段大小、格式、输入掩码、默认值、索引、标题、必需、验证规则、验证文本属性。

【做一做】

1. 需求分析

需求：为产品表、订单明细表、员工表各字段设置字段属性。

分析：设置字段属性需要在表的设计视图中进行，在字段输入区选中字段，在下边的字段属性区设置属性。

2. 设置产品表字段大小

产品表各字段大小如表 2-3-1 所示。

表 2-3-1　产品表各字段大小

序号	字段名称	数据类型	字段大小	序号	字段名称	数据类型	字段大小
1	供应商 ID	数字	长整型	5	目标水平	数字	单精度型
2	产品代码	短文本	25	6	单位数量	短文本	50
3	产品名称	短文本	50	7	最小再订购数量	数字	整型
4	再订购水平	数字	整型	8	类别	短文本	50

打开产品表的设计视图，在字段输入区单击"供应商 ID"字段名称，选中字段，在字段属性区"字段大小"单元格内单击，出现下拉按钮，单击下拉按钮，选择"长整型"，如图 2-3-1 所示。

在字段输入区单击"产品代码"字段名称，选中字段，在字段属性区"字段大小"单元格输入 25，如图 2-3-2 所示。

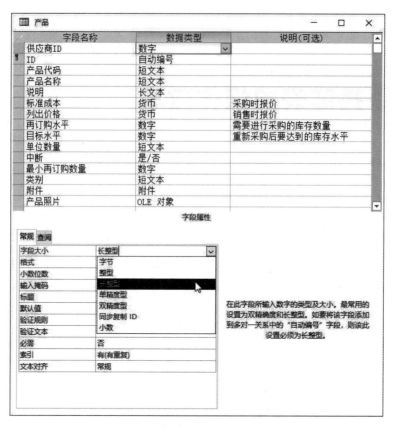

图 2-3-1　设置"供应商 ID"字段大小

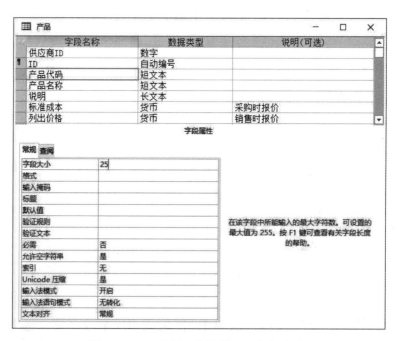

图 2-3-2　设置"产品代码"字段大小

在字段输入区单击"产品名称"字段名称，选中字段，在字段属性区"字段大小"单元格输入 50。

在字段输入区单击"再订购水平"字段名称，选中字段，在字段属性区单击"字段大小"单元格中下拉按钮，选中"长整型"。

其他字段按上述方法设置，设置完后保存。

> **提个醒**
>
> 在字段输入区选中哪个字段，在下边字段属性区就设置哪个字段的属性。每个字段都有自己的字段属性。

3. 设置订单明细表字段格式

把订单明细表中"分派的日期"字段格式改为长日期。打开订单明细表的设计视图，在字段输入区单击"分派的日期"字段名称，选中字段，在字段属性区单击"格式"单元格，出现下拉按钮，单击下拉按钮，在下拉列表中选择"长日期"，如图 2-3-3 所示。设置完后保存。切换到数据表视图，长日期显示效果如图 2-3-4 所示。

图 2-3-3 设置"分派的日期"字段格式

ID	订单 ID	产品 ID	数量	单价	折扣	状态 ID	分派的日期
1	30	34	100	¥14.00	0.00%	2	2021年10月20日
2	30	80	30	¥3.50	0.00%	2	2022年1月4日
3	31	7	10	¥30.00	0.00%	2	2022年1月18日
4	31	51	10	¥53.00	0.00%	2	2021年12月13日
5	31	80	10	¥3.50	0.00%	2	2021年11月17日
6	32	1	15	¥18.00	0.00%	2	2021年11月8日

记录：◄ 第9项(共60项) ► ►| 无筛选器 搜索

图 2-3-4 长日期显示效果

4. 设置输入掩码

（1）设置订单明细表中"分派的日期"字段的输入格式为"年-月-日"，年为4位，月、日为2位，分隔符（-）自动填充。

打开订单明细表的设计视图，在字段输入区单击"分派的日期"字段名称，选中字段，在字段属性区单击"输入掩码"单元格，输入"0000\ -00\ -00；0；_"，如图2-3-5所示，单击"保存"按钮 保存。切换到订单明细表的数据表视图，单击"分派的日期"字段下空白单元格，按输入掩码要求输入数据，如图2-3-6所示。

图 2-3-5　设置"分派的日期"字段输入掩码

ID	订单 ID	产品 ID	数量	单价	折扣	状态 ID	分派的日期
1	30	34	100	¥14.00	0.00%	2	2021年10月20日
2	30	80	30	¥3.50	0.00%	2	2022年1月4日
3	31	7	10	¥30.00	0.00%	2	2022年1月18日
4	31	51	10	¥53.00	0.00%	2	2021年12月13日
5	31	80	10	¥3.50	0.00%	2	2021年11月17日
6	32	1	15	¥18.00	0.00%	2	2021年11月8日
7	32	43	20	¥46.00	0.00%	2	2021年12月12日
* 0	0	0	0	¥0.00	0.00%	0	- - -

记录: ◄ 第8项(共8项) ► ►I 无筛选器　搜索

图 2-3-6　按输入掩码输入数据

　　为"日期/时间"类型数据设置输入掩码时，第二部分必须是0，否则不存储自动填充的分隔符，只存储输入的数字，Access不认为这些数字是日期，会拒绝存储。

　　（2）使用向导设置员工表邮政编码输入掩码。

　　打开员工表的设计视图，在字段输入区单击"邮政编码"字段名称，选中字段，在字段属性区单击"输入掩码"单元格，出现 ⋯ 按钮，单击 ⋯ 按钮，打开"输入掩码向导"对话框，选中"邮政编码"，如图2-3-7所示。单击"下一步"按钮，显示输入掩码，如图2-3-8所示。

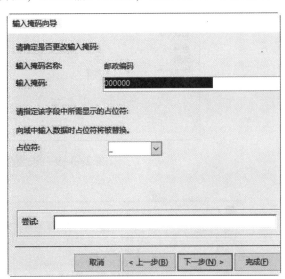

图2-3-7　"输入掩码向导"对话框　　　　图2-3-8　"邮政编码"字段输入掩码

　　单击"完成"按钮，设置好的输入掩码自动填充到输入掩码单元格。单击"保存" 🔳 按钮保存。

5. 设置默认值

　　设置产品表"标准成本"字段默认值为"0"，"列出价格"字段默认值为"0"，"单位数量"默认值为"每箱12瓶"。设置订单明细表"分派的日期"默认值为"2021年9月1日"。

　　打开产品表的设计视图，在字段输入区单击"标准成本"字段名称，选中字段，在字段属性区单击"默认值"单元格，输入"0"，如图2-3-9所示。

　　在字段输入区单击"列出价格"字段名称，选中字段，在字段属性区单击"默认值"单元格，输入"0"。

　　在字段输入区单击"单位数量"字段名称，选中字段，在字段属性区单击"默认值"单元格，输入"每箱12瓶"。

　　单击"保存"按钮 🔳 保存。

　　切换到产品表的数据表视图，单击空白记录，默认值"0""0""每箱12瓶"自动填充，如

图 2-3-10 所示。

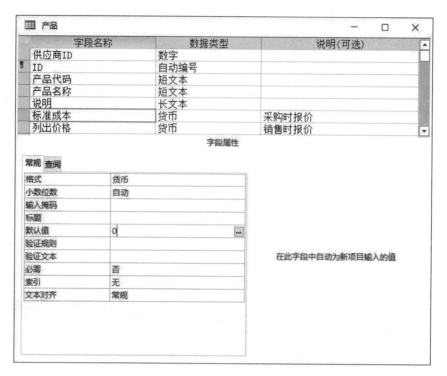

图 2-3-9 设置"标准成本"字段默认值

供应商 ID	ID	产品代码	产品名称	说明	标准成本	列出价格	再订购水平	目标水平	单位数量
6	92	NWTCFV-92	绿豆		¥0.50	¥3.00	10	40	500克
6	93	NWTCFV-93	玉米		¥0.50	¥4.00	10	40	500克
6	94	NWTCFV-94	豌豆		¥0.50	¥4.00	10	40	500克
7	95	NWTCM-95	金枪鱼		¥0.50	¥3.00	30	50	100克
7	96	NWTCM-96	熏鲑鱼		¥1.50	¥6.00	30	50	100克
1	97	NWTC-82	辣谷物		¥1.00	¥5.00	50	200	每箱12瓶
6	98	NWTSO-98	蔬菜汤		¥0.50	¥3.00	100	200	每箱12瓶
6	99	NWTSO-99	鸡汤		¥1.00	¥5.00	100	200	每箱12瓶
0	(新建)				¥0.00	¥0.00			每箱12瓶

记录: 第1项(共45项) 无筛选器 搜索

图 2-3-10 产品表默认值自动填充

打开订单明细表设计视图，在字段输入区单击"分派的日期"字段名称，选中字段，在字段属性区单击"默认值"单元格，输入"#2021-9-1#"。

单击"保存"按钮 保存。

提个醒

在表达式中输入文本类型数据时前后要加双引号，日期/时间类型数据前后加井号（#），数字类型不加特殊字符直接输入。标点符号都要是英文半角标点。

切换到订单明细表的数据表视图，单击空白记录，默认值"2021年9月1日"自动填充，如图 2-3-11所示。

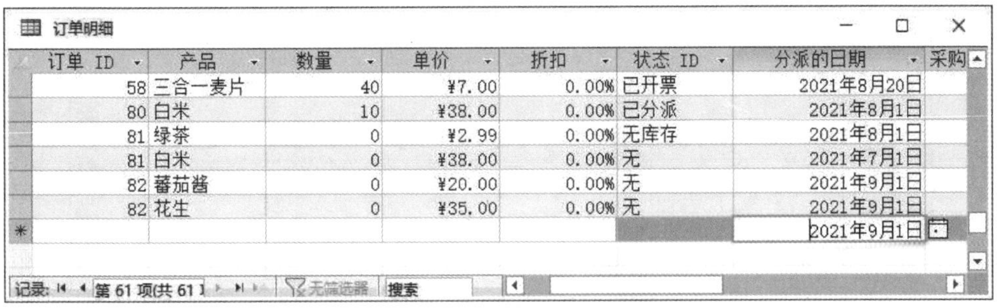

订单 ID	产品	数量	单价	折扣	状态 ID	分派的日期	采购
58	三合一麦片	40	¥7.00	0.00%	已开票	2021年8月20日	
80	白米	10	¥38.00	0.00%	已分派	2021年8月1日	
81	绿茶	0	¥2.99	0.00%	无库存	2021年8月1日	
81	白米	0	¥38.00	0.00%	无	2021年7月1日	
82	蕃茄酱	0	¥20.00	0.00%	无	2021年9月1日	
82	花生	0	¥35.00	0.00%	无	2021年9月1日	
*						2021年9月1日	

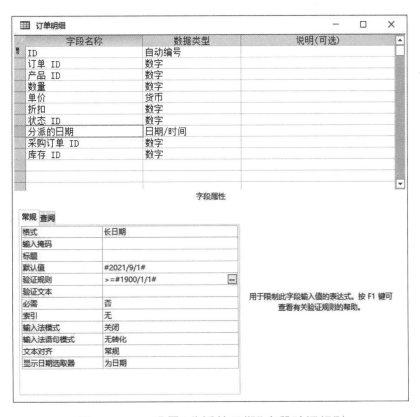

图 2-3-11　订单明细表默认值自动填充

6. 设置订单明细表字段验证规则

设置订单明细表“分派的日期”字段的验证规则为“必须大于或等于 1900 年 1 月 1 日”，“折扣”字段的验证规则为“必须大于或等于 0，并且小于或等于 1”。

打开订单明细表的设计视图，在字段输入区单击“分派的日期”字段名称，选中字段，在字段属性区单击“验证规则”单元格，输入“>=#1900/1/1#”，如图 2-3-12 所示。

字段名称	数据类型	说明(可选)
ID	自动编号	
订单 ID	数字	
产品 ID	数字	
数量	数字	
单价	货币	
折扣	数字	
状态 ID	数字	
分派的日期	日期/时间	
采购订单 ID	数字	
库存 ID	数字	

格式	长日期
输入掩码	
标题	
默认值	#2021/9/1#
验证规则	>=#1900/1/1#
验证文本	
必需	否
索引	无
输入法模式	关闭
输入法语句模式	无转化
文本对齐	常规
显示日期选取器	为日期

图 2-3-12　设置“分派的日期”字段验证规则

在字段输入区单击“折扣”字段名称，选中字段，在字段属性区单击“验证规则”单元格，输入“<=1 And >=0”，如图 2-3-13 所示。

切换到订单明细表的数据表视图，把“ID”字段值为“93”的数据的分派的日期“字段值改为“1899 年 9 月 1 日”，单击其他单元格确认操作。由于违反验证规则，弹出出错提示对话框，因为没有设置验证文本，提示信息为系统设定的内容，如图 2-3-14 所示。单击“确定”按钮，把“分派的日期”字段值改为符合验证规则的值就可以存储了。

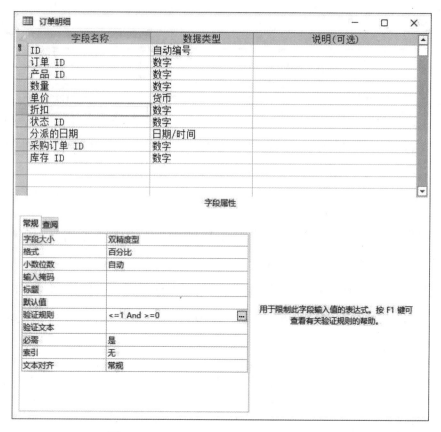

图 2-3-13　设置"折扣"字段验证规则

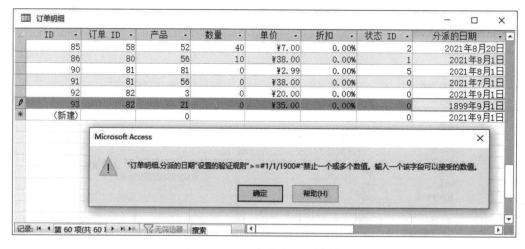

图 2-3-14　出错提示对话框

7. 设置订单明细表字段验证文本

设置"分派的日期"字段的验证文本为"日期值必须大于 1900-1-1。",设置"折扣"字段的验证文本为"输入的值不能大于 100%(1)或小于 0。"。

打开订单明细表的设计视图,在字段输入区单击"分派的日期"字段名称,选中字段,在字段属性区单击"验证文本"单元格,输入"日期值必须大于 1900-1-1。",如图 2-3-15 所示。

在字段输入区单击"折扣"字段名称,选中字段,在字段属性区单击"验证文本"单元格,输入"输入的值不能大于 100%(1)或小于 0。"。

切换到订单明细表的数据表视图,把"ID"字段值为"85"的数据的"分派的日期"字段值改为"1896年8月20日"，单击其他单元格确认操作。由于违反验证规则，弹出出错提示对话框，提示信息为设置的验证文本，如图2-3-16所示。单击"确定"按钮，把"分派的日期"字段值改为符合验证规则的值就可以存储了。

图2-3-15　设置"分派的日期"字段验证文本

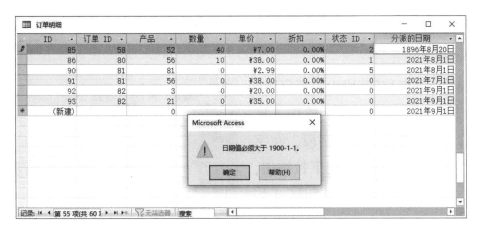

图2-3-16　提示信息为设置的验证文本

8. 设置产品表字段索引

在产品表"产品代码"字段上创建"有(无重复)"索引，在"类别"字段上创建"有(有重复)"索引。

打开产品表的设计视图，在字段输入区单击"产品代码"字段名称，选中字段，在字段属性区单击"索引"单元格，出现下拉按钮，单击下拉按钮，在下拉列表中选择"有(无重复)"，如图2-3-17所示。

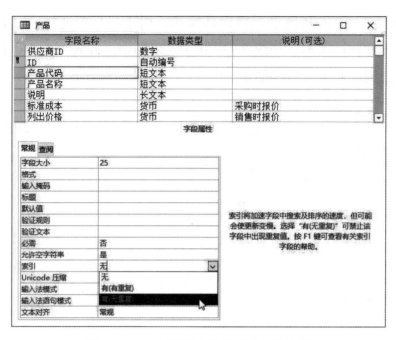

图 2-3-17　设置"产品代码"字段索引

　　在字段输入区单击"类别"字段名称，选中字段，在字段属性区单击"索引"单元格，出现下拉按钮，单击下拉按钮，在下拉列表中选择"有(有重复)"。

9. 设置产品表字段是否必填

　　设置产品表"产品名称"字段为必填字段。

　　打开产品表的设计视图，在字段输入区单击"产品名称"字段名称，选中字段，在字段属性区单击"必需"单元格，出现下拉按钮，单击下拉按钮，在下拉列表中选择"是"，如图 2-3-18 所示。

　　切换到产品表的数据表视图，添加新记录，但"产品名称"字段不输入值，单击其他行单元格确认操作。由于产品名称是必填字段但没有输入值，弹出出错提示对话框，如图 2-3-19 所示。单击"确定"按钮，输入"产品名称"字段值就可以存储了。

图 2-3-18　设置产品名称为必填字段

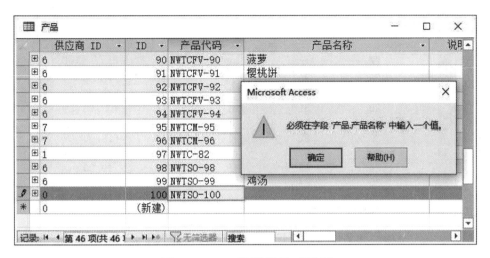

图 2-3-19　出错提示对话框

10. 设置订单明细表字段标题

设置订单明细表显示数据时"ID"列标题显示为"编号"。

打开订单明细表的设计视图，在字段输入区单击"ID"字段名称，选中字段，在字段属性区单击"标题"单元格，输入"编号"，如图 2-3-20 所示。

切换到订单明细表的数据表视图，"ID"字段的标题已经显示为"编号"，如图 2-3-21 所示。

图 2-3-20　设置"ID"字段标题

订单明细

编号	订单 ID	产品	数量	单价	折
27	30	34	100	¥14.00	
28	30	80	30	¥3.50	
29	31	7	10	¥30.00	
30	31	51	10	¥53.00	
31	31	80	10	¥3.50	
32	32	1	15	¥18.00	
33	32	43	20	¥46.00	
34	33	19	30	¥9.20	
35	34	19	20	¥9.20	
36	35	48	10	¥12.75	

记录: 第 1 项(共 60 项 无筛选器 搜索

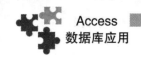

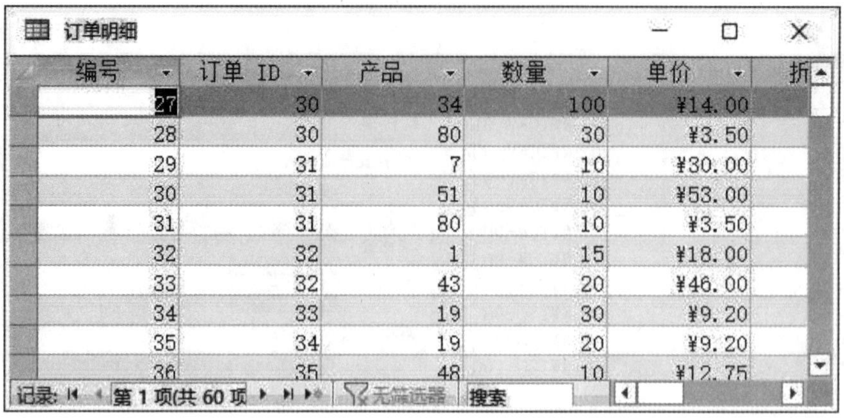

图 2-3-21 “ID”字段标题显示为“编号”

【学一学】

1. 字段大小

字段大小属性用于限制输入该字段的数据最大长度，当输入的数据超过该字段设置的字段大小时，系统将拒绝接受。字段大小属性只适用于“短文本”“数字”“自动编号”字段类型，这里只介绍前两种。“短文本”字段大小用于设置字段最多输入多少个字符，最多 255 个。“数字”字段大小用于选择字节、整型、长整型、单精度、双精度等数字子类型。

2. 格式

格式属性只影响数据的显示格式。不同类型的字段显示格式种类不同。

(1)数字类型。

“常规”：存储时没有明确进行其他格式设置的数字。

“货币”：用于应用 Windows 区域设置中指定的货币符号和格式。

“欧元”：用于对数值数据应用欧元符号(€)，但对其他数据使用 Windows 区域设置中指定的货币格式。

“固定”：用于显示数字，使用两个小数位，但不使用千位分隔符。如果字段中的值包含两个以上的小数位，则 Access 会对该数字进行四舍五入。

“标准”：用于显示数字，使用千位分隔符和两个小数位。如果字段中的值包含两个以上的小数位，则 Access 会将该数字四舍五入为两个小数位。

“百分比”：用于以百分比的形式显示数字，使用两个小数位和一个尾随百分号。如果基础值包含四个以上的小数位，则 Access 会对该值进行四舍五入。

“科学计数”：用于使用科学(指数)记数法来显示数字。

(2)日期和时间类型。

“短日期”：显示短格式的日期。具体取决于所在区域的日期和时间设置，如“2017/8/9”。

“中日期”：显示中等格式的日期，如“17-08-09”。

“长日期”：显示长格式的日期，如“2017 年 8 月 9 日”。

（3）是/否类型。

"是/否"：用于将 0 显示为"否"，并将任何非零值显示为"是"。

"真/假"：该格式为是/否类型的默认格式，用于将 0 显示为"假"，并将任何非零值显示为"真"。

"开/关"：用于将 0 显示为"关"，并将任何非零值显示为"开"。

默认是/否类型使用复选框显示，如果要求显示具体的数据，可以通过字段属性区"查阅"选项卡把显示控件由复选框改为文本框显示。

3. 输入掩码

输入掩码用于规定数据的输入格式。通过使用输入掩码可以提高数据的输入速度和正确性。设置输入掩码有两种方法：一种是使用向导，一种是直接设置。输入掩码由 3 部分组成，由分号（;）分隔，它的格式为：

输入掩码；0 或 1；占位符

第一部分输入掩码是由用户设计的，包含输入掩码字符，规定用户的输入格式。输入掩码字符含义如表 2-3-2 所示。

第二部分 0 表示用户输入的和自动填充的数据都存储到表中；1 表示只把用户输入的数据存储到表中，自动填充的只用于显示，如果省略第二部分，则默认为 1。

第三部分占位符表示需要用户输入数据的地方用什么符号表示，如果省略默认为下画线。

如果设置输入掩码的字段值有固定部分，固定部分为一个字符，在它前边加"\"；固定部分为连续多个字符，连续多个字符用双引号（""）引起来，这里用到的标点符号都是英文半角符号。输入数据时固定部分会自动填充到单元格中。

表 2-3-2　输入掩码字符含义

字符	说明
0	数字[0 到 9，必选项；不允许使用加号（+）和减号（−）]。
9	数字或空格[非必选项；不允许使用加号（+）和减号（−）]。
#	数字或空格[非必选项；空白将转换为空格，允许使用加号（+）和减号（−）]。
L	字母（A 到 Z，必选项）。
?	字母（A 到 Z，可选项）。
A	字母或数字（必选项）。
a	字母或数字（可选项）。
&	任一字符或空格（必选项）。
C	任一字符或空格（可选项）。
. , : ; - /	十进制占位符和千位分隔符、日期和时间分隔符。（实际使用的字符取决于 Microsoft Windows 控制面板中指定的区域设置。）

续表

字符	说明
<	使其后所有的字符转换为小写。
>	使其后所有的字符转换为大写。
!	使输入掩码[一种格式，由字面显示字符(如括号、句号和连字符)和掩码字符(用于指定可以输入数据的位置以及数据种类、字符数量)组成]从右到左显示，而不是从左到右显示。输入掩码中的字符始终都是从左到右填入。可以在输入掩码中的任何地方包括该字符。
\	使其后的字符显示为原义字符。可用于将该表中的任何字符显示为原义字符(例如，"\ A"显示为"A")。
密码	将"输入掩码"属性设置为"密码"，以创建密码项文本框。文本框中输入的任何字符都按字面字符保存，但显示为星号(＊)。

输入掩码示例如表 2-3-3 所示。

表 2-3-3　输入掩码示例

序号	输入掩码定义	允许值示例
1	\ (000 \ )000 \ -0000	(206)555-0248
2	\ (0000 \ )00000009	(0312)1234567 (031)12345678
3	\ (000 \ )AAA \ -AAAA	(206)555-TELE
4	>L???? L? 000L0	GREENGR339M3 MAY R 452B7
5	>L<?????????????	Maria Pierre
6	"ISBN"0 \ -&&&&&&&&& \ -0	ISBN 1-55615-507-7 ISBN 0-13-96426B-5

4. 默认值

在一个数据表中，经常会有一些字段的数据内容相同或部分相同。我们可以将出现较多的值作为该字段的默认值，减少数据的输入量。Access 允许使用表达式定义默认值。默认值可以是常量、函数、表达式等，例如使用函数 Date( )自动填充当前日期。

5. 验证规则

验证规则是为表中字段值设置一个取值范围，实质是一个条件，如果输入或修改的值在范围之内，允许输入存储，否则弹出提示信息拒绝输入存储。为某一字段设置验证规则时，规则中字段名称可以省略，等号也可以省略。

常用的验证规则如下。

< >0：要求输入值非零。

>=0：要求输入值不得小于零。

50 or 100：要求输入值为 50 或者 100 中的一个。

<#2010-01-01#：要求输入 2010 年之前的日期。

>=#2010-01-01# And <=#2011-12-21#：要求输入 2010 年 1 月 1 日与 2011 年 12 月 31 日之间的日期，包括 2010 年 1 月 1 日和 2011 年 12 月 31 日。

6. 验证文本

验证文本只有在设置了验证规则后才能使用。当输入的数据违反验证规则，如果没有设置验证文本，显示系统设置的提示信息；如果设置了验证文本，把验证文本作为提示信息显示出来。

7. 索引

索引是创建在表中某个或某几个字段上的。通过创建索引，我们可以提高建索引字段的查找和排序速度。索引按功能分有 3 种：主索引、唯一索引、普通索引。主索引就是主键，一个表中只能有一个，创建主键自动创建主索引，创建主索引自动创建主键。唯一索引的索引字段值不能重复，如果输入了重复值，会弹出出错信息拒绝存储。普通索引的索引字段值可以重复。

创建索引有两种方法：一种是使用字段属性区的"索引"字段属性；一种是单击"表格工具"-"设计"-"显示/隐藏"-"索引"，打开"索引"对话框设置，一行只能选择一个字段。如果索引创建在多个字段上，使用多行，只有索引第一个字段行输入索引名称，其他索引名称空白。

8. 必需

通过"必需"字段属性可以要求输入记录时某个字段必须输入数据，否则提示出错。如果选"是"，此字段为必填字段，添加记录时必须输入数据；选"否"，添加记录时此字段值可添加也可不添加。

9. 标题

通过"标题"字段属性可以设置数据显示时的列标题信息，数据操作时仍然使用字段名称。

【试一试】

观察订单表、供应商表、员工表、客户表的结构，依据表中要输入的数据、要显示的格式，思考哪些字段可以设置字段属性，设置什么字段属性，并进行设置。

【小本子】

总结本任务知识点，画出思维导图把它们串联起来。

任务四 修改产品表

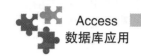

【任务描述】

在创建产品表时有些字段没有用但添加上了，有些字段有用但没有添加，个别数据也有错误。本任务将通过完善产品表结构和数据，以及设置数据显示格式，介绍修改表结构、编辑表记录、设置表外观的方法。完善以后的产品表数据表视图如图 2-4-1 所示。

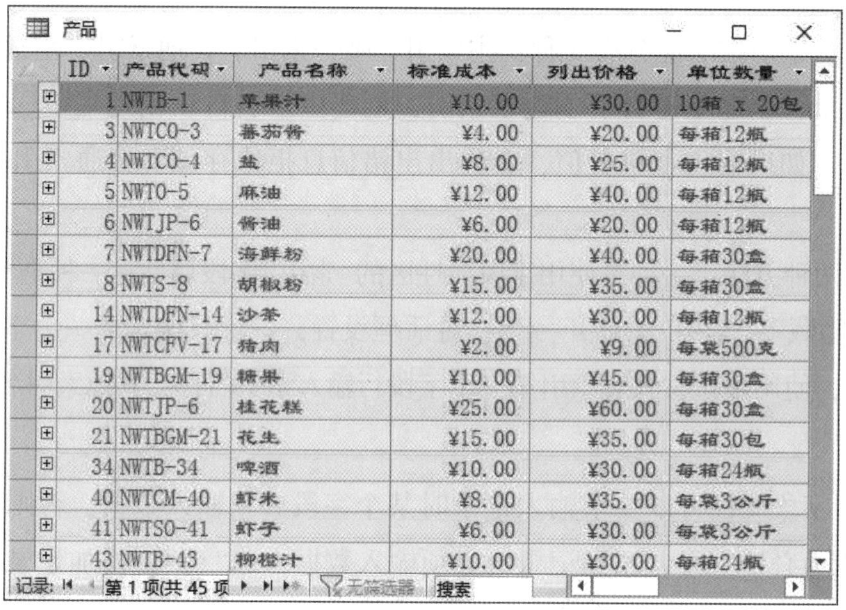

产品

ID	产品代码	产品名称	标准成本	列出价格	单位数量
1	NWTB-1	苹果汁	¥10.00	¥30.00	10箱 x 20包
3	NWTCO-3	蕃茄酱	¥4.00	¥20.00	每箱12瓶
4	NWTCO-4	盐	¥8.00	¥25.00	每箱12瓶
5	NWTO-5	麻油	¥12.00	¥40.00	每箱12瓶
6	NWTJP-6	酱油	¥6.00	¥20.00	每箱12瓶
7	NWTDFN-7	海鲜粉	¥20.00	¥40.00	每箱30盒
8	NWTS-8	胡椒粉	¥15.00	¥35.00	每箱30盒
14	NWTDFN-14	沙茶	¥12.00	¥30.00	每箱12瓶
17	NWTCFV-17	猪肉	¥2.00	¥9.00	每袋500克
19	NWTBGM-19	糖果	¥10.00	¥45.00	每箱30盒
20	NWTJP-6	桂花糕	¥25.00	¥60.00	每箱30盒
21	NWTBGM-21	花生	¥15.00	¥35.00	每箱30包
34	NWTB-34	啤酒	¥10.00	¥30.00	每箱24瓶
40	NWTCM-40	虾米	¥8.00	¥35.00	每袋3公斤
41	NWTSO-41	虾子	¥6.00	¥30.00	每袋3公斤
43	NWTB-43	柳橙汁	¥10.00	¥30.00	每箱24瓶

记录：第 1 项(共 45 项 无筛选器 搜索

图 2-4-1　产品表数据表视图

【做一做】

1. 需求分析

需求：完善产品表的结构与数据，设置数据显示格式。

分析：在设计视图中修改产品表的结构，在数据表视图中修改数据、设置数据显示格式。

2. 添加“产品重量”字段

以设计视图打开产品表，单击第一个空白字段行的字段名称，输入“产品重量”，选择“数字”数据类型，设置字段大小为“整型”。如图 2-4-2 所示。

切换到数据表视图输入各产品重量。

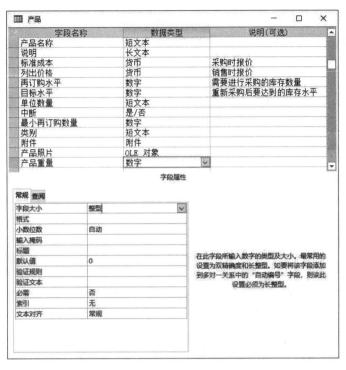

图 2-4-2 添加"产品重量"字段

3. 删除"产品照片"字段

切换到设计视图，右击"产品照片"字段名称，在弹出的快捷菜单中选择"删除行"命令，如图 2-4-3 所示，弹出提示信息对话框，询问是否删除字段，如图 2-4-4 所示，单击"是"按钮删除字段。

图 2-4-3 修改字段快捷菜单

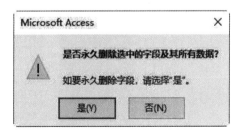

图 2-4-4 提示信息对话框

4. 在产品表中添加"方便面"新记录

切换到数据表视图，单击导航按钮中的"新（空白）记录"按钮，定位到最后一行空白记

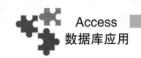

录。选中空白记录的“产品代码”单元格，输入“NWTSO-100 ”，按 Tab 键输入产品名称“方便面”，按 Tab 键输入说明“方便面”，按 Tab 键输入标准成本“30”，按 Tab 键输入列出价格“50”，按 Tab 键输入再订购水平“40”，按 Tab 键输入目标水平“100”，按 Tab 输入单位数量“每箱 24 袋”。单击“类别”单元格，出现下拉按钮，单击下拉按钮，选择“快餐”，单击其他行单元格，新记录输入完成。

5. 删除产品名称为“麻油”的记录

右击产品表“麻油”左边的记录选择器，在弹出的快捷菜单中选择“删除记录”命令，如图 2-4-5 所示，弹出提示信息对话框，单击“是”按钮删除记录。

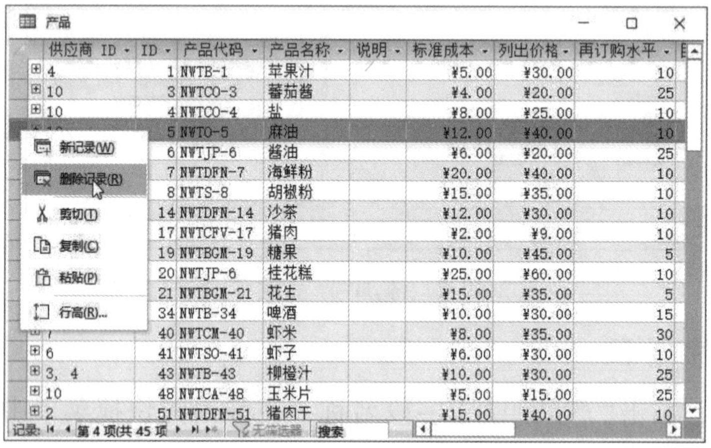

供应商 ID	ID	产品代码	产品名称	说明	标准成本	列出价格	再订购水平
4	1	NWTB-1	苹果汁		¥5.00	¥30.00	10
10	3	NWTCO-3	蕃茄酱		¥4.00	¥20.00	25
10	4	NWTCO-4	盐		¥8.00	¥25.00	10
	5	NWTO-5	麻油		¥12.00	¥40.00	10
	6	NWTJP-6	酱油		¥6.00	¥20.00	25
	7	NWTDFN-7	海鲜粉		¥20.00	¥40.00	10
	8	NWTS-8	胡椒粉		¥15.00	¥35.00	10
	14	NWTDFN-14	沙茶		¥12.00	¥30.00	10
	17	NWTCFV-17	猪肉		¥2.00	¥9.00	10
	19	NWTBGM-19	糖果		¥10.00	¥45.00	5
	20	NWTJP-6	桂花糕		¥25.00	¥60.00	10
	21	NWTBGM-21	花生		¥15.00	¥35.00	5
	34	NWTB-34	啤酒		¥10.00	¥30.00	15
7	40	NWTCM-40	虾米		¥8.00	¥35.00	30
6	41	NWTSO-41	虾子		¥6.00	¥30.00	10
3, 4	43	NWTB-43	柳橙汁		¥10.00	¥30.00	25
10	48	NWTCA-48	玉米片		¥5.00	¥15.00	25
2	51	NWTDFN-51	猪肉干		¥15.00	¥40.00	10

图 2-4-5　删除记录

6. 把产品名称为“苹果汁”的记录的“标准成本”字段改为 10

移动鼠标指针到产品名称为“苹果汁”的记录的“标准成本”单元格上单击，单元格内出现文本插入符，按删除键或退格键删除原有数据，重新输入“10”，按回车键确认操作。

7. 把“供应商 ID”字段移动到第八列显示

单击“供应商 ID”字段名称选中，鼠标指针还在“供应商 ID”字段名称上，按下鼠标左键向右拖曳，加粗竖线到“再订购水平”字段后，如图 2-4-6 所示，松开鼠标左键，移动完成。

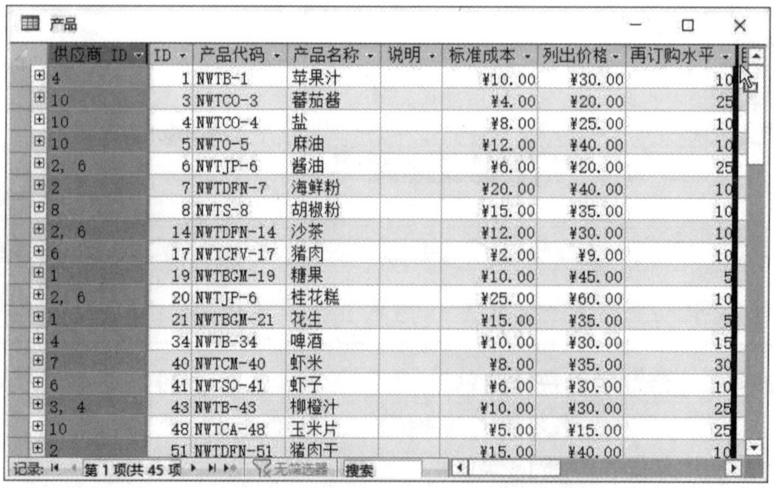

供应商 ID	ID	产品代码	产品名称	说明	标准成本	列出价格	再订购水平
4	1	NWTB-1	苹果汁		¥10.00	¥30.00	10
10	3	NWTCO-3	蕃茄酱		¥4.00	¥20.00	25
10	4	NWTCO-4	盐		¥8.00	¥25.00	10
10	5	NWTO-5	麻油		¥12.00	¥40.00	10
2, 6	6	NWTJP-6	酱油		¥6.00	¥20.00	25
2	7	NWTDFN-7	海鲜粉		¥20.00	¥40.00	10
8	8	NWTS-8	胡椒粉		¥15.00	¥35.00	10
2, 6	14	NWTDFN-14	沙茶		¥12.00	¥30.00	10
6	17	NWTCFV-17	猪肉		¥2.00	¥9.00	10
1	19	NWTBGM-19	糖果		¥10.00	¥45.00	5
2, 6	20	NWTJP-6	桂花糕		¥25.00	¥60.00	10
1	21	NWTBGM-21	花生		¥15.00	¥35.00	5
4	34	NWTB-34	啤酒		¥10.00	¥30.00	15
7	40	NWTCM-40	虾米		¥8.00	¥35.00	30
6	41	NWTSO-41	虾子		¥6.00	¥30.00	10
3, 4	43	NWTB-43	柳橙汁		¥10.00	¥30.00	25
10	48	NWTCA-48	玉米片		¥5.00	¥15.00	25
2	51	NWTDFN-51	猪肉干		¥15.00	¥40.00	10

图 2-4-6　移动“供应商 ID”字段

8. 设置产品表行高为 15

右击表某一行记录选择器，在弹出的快捷菜单中选择"行高"命令，弹出"行高"对话框，输入"15"，如图 2-4-7 所示。单击"确定"按钮设置完成。

9. 设置产品表字段宽度

设置产品表各字段宽度分别为："ID"字段为 5，"产品代码"字段为 10，"产品名称"字段为 14，其他各字段为 12。

在数据表视图中右击"ID"字段名称，在弹出的快捷菜单中选择"字段宽度"命令，弹出"列宽"对话框，输入 5，如图 2-4-8 所示，单击"确定"按钮。

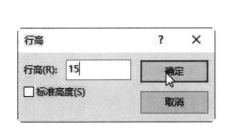

图 2-4-7 "行高"对话框

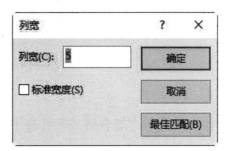

图 2-4-8 "列宽"对话框

右击"产品代码"字段名称，在弹出的快捷菜单中选择"字段宽度"命令，弹出"列宽"对话框，输入 10，单击"确定"按钮。

右击"产品名称"字段名称，在弹出的快捷菜单中选择"字段宽度"命令，弹出"列宽"对话框，输入 14，单击"确定"按钮。

其他字段字段宽度相同，并且是连续的字段，可以同时设置。单击"说明"字段名称，选中字段，按下"Shift"键单击最后一个字段"产品重量"字段名称，选中连续的多个字段。右击任一选中字段名称，在弹出的快捷菜单中选择"字段宽度"命令，弹出"列宽"对话框，输入12，单击"确定"按钮，同时设置多个字段的宽度。

10. 隐藏字段

只显示"ID""产品代码""产品名称""标准成本""列出价格""单位数量"等六个字段，其他字段隐藏。

在产品表数据表视图中右击"说明"字段名称，在弹出的快捷菜单中"隐藏字段"按钮。

右击"再订购水平"字段名称，在弹出的快捷菜单中选择"隐藏字段"按钮。

使用上述方法隐藏其他字段。

🖳 **提个醒**

可以选中多列，右击任一选中字段名称，在弹出的快捷菜单中选择"隐藏字段"按钮，同时隐藏多个字段。

11. 冻结"ID""产品代码""产品名称"字段

单击"ID"字段名称，再按下 Shift 键单击"产品名称"字段名称。右击"ID"字段名称，在弹出的快捷菜单中选择"冻结字段"命令，冻结"ID""产品代码""产品名称"字段。

12. 设置数据格式

在"开始"选项卡"文本格式"组设置数据格式，字体为"隶书"，字号为"12"，对齐方式为"居中"，颜色为"蓝色"，如图 2-4-9 所示。

图 2-4-9 "文本格式"组

13. 设置数据表格式

单击"开始"选项卡"文本格式"组右下角的"设置数据表格式"按钮 ，弹出"设置数据表格式"对话框。"背景色"设置为"浅蓝 1"，"替代背景色"设置为"水蓝 1"，网格线颜色为"橙色"，如图 2-4-10 所示，单击"确定"，效果如图 2-4-1 所示。

【学一学】

1. 修改表结构

修改表结构主要包括添加字段、修改字段、删除字段。在 Access 中修改表结构可在设计视图中修改，也可在数据表视图中修改，在此只介绍在设计视图中修改。

图 2-4-10 "设置数据表格式"对话框

（1）添加字段。

在末尾添加：单击第一个空白字段名称单元格，输入字段名称，选择数据类型，添加字段。

在某字段前添加：右击某字段名称，在弹出的快捷菜单中选择"插入行"命令，在某字段上插入一个空白字段，添加新字段。也可以在功能区选择"表设计"-"工具"-"插入行"，插入空白字段。

（2）修改字段。

修改字段包括修改字段的名称、数据类型、说明、字段属性等，选中要修改的内容直接修改，修改后单击"保存"按钮 保存。

（3）删除字段。

删除字段有两种方法：一种是右击要删除的字段名称，在弹出的快捷菜单中选择"删除行"命令，删除字段；另一种是先单击要删除的字段名称，选中要删除的字段，再在功能区选择"表设计"-"工具"-"删除行"。

2. 编辑表记录

（1）定位记录。

定位记录就是确定当前记录，常用的方法有两种：一种是直接单击要定位的记录；另一种是使用导航按钮，如图 2-4-11 所示。

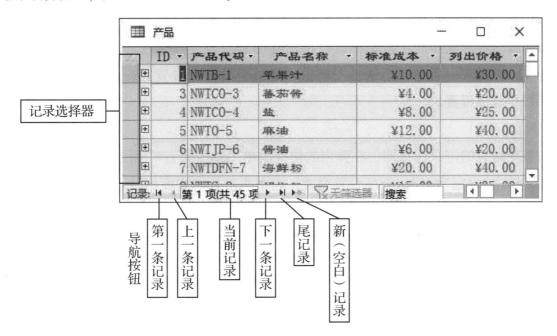

图 2-4-11　导航按钮

（2）选择记录。

选择一行：单击该记录的记录选择器。

选择多行：单击第一条记录的记录选择器，按住鼠标左键，拖曳鼠标到选定范围的结尾处。

选择一列：单击该字段的字段名称。

选择多列：在数据表视图中可以选中连续的多列，但不能选中不连续的多列，方法有两种：一种是将鼠标放到第一列顶端字段名处，待鼠标指针变为下拉箭头后，拖曳鼠标到选定范围的结尾处；另一种是单击第一列字段名称，再按下"Shift"键，单击最后一个字段名称。

选择某字段部分数据：单击开始处，拖曳鼠标到结尾处。

选择某字段全部数据：移动鼠标指针到字段值单元格内边缘，待鼠标指针变为空心的加号后单击鼠标左键。

选择所有：单击记录选择器列和字段名称行交界的按钮 ■ 。

（3）添加记录。

单击导航按钮上的"新(空白)记录"按钮 ▶ ，将光标定位到表的最后一行空白记录上，输入要添加的数据。

（4）删除记录。

删除记录有两种方法：一种是右击要删除记录的记录选择器，在弹出的快捷菜单中选择"删除记录"命令；另一种是先选中要删除的记录，再在功能区选择"开始"-"记录"-"删除"，可选中多条记录同时删除。记录删除以后是不能恢复的。

（5）修改记录。

将光标定位到要修改的数据上直接修改，修改完后关闭表即可自动保存。

3. 设置表外观

（1）改变字段显示次序。

选中要改变显示次序的字段，把鼠标指针移动到要改变显示次序的字段名称上，按下鼠标左键拖曳，会出现一条加粗竖线，当加粗竖线移动到目标位置时松开鼠标左键，拖曳的字段移动到加粗竖线位置。

（2）调整行高。

右击某一记录的记录选择器，在弹出的快捷菜单中选择"行高"命令，弹出"行高"对话框，输入行高，单击"确定"按钮，行高设置完成，表中所有行的高度相同。

（3）调整字段宽度。

选中要设置宽度的一个或多个字段，右击某一选中的字段名称，在弹出的快捷菜单中选择"字段宽度"，弹出"字段宽度"对话框，输入宽度值，单击"确定"按钮，字段宽度设置完成。表中各字段的宽度可以不同。

（4）隐藏字段。

显示表数据时，有些字段用不到，可以隐藏起来，当用到时再显示出来。右击要隐藏的字段名称，在弹出的快捷菜单中选择"隐藏字段"命令，可以把字段隐藏。

（5）取消隐藏字段。

右击表中某一字段名称，在弹出的快捷菜单中选择"取消隐藏字段"命令，弹出"取消隐藏列"对话框，如图 2-4-12 所示，复选框为选中状态表示此字段显示，为未选中状态表示此字段隐藏。单击选中复选框显示字段，取消选中复选框隐藏字段。设置好后单击"关闭"按钮确认操作。

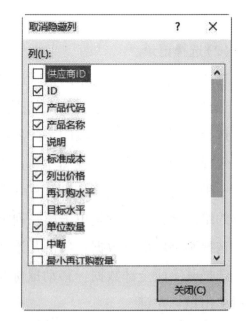

图 2-4-12 "取消隐藏列"对话框

（6）冻结字段。

所建表字段很多，一屏显示不下，需要通过滚动条才能显示。如果希望移动滚动条时始终显示某些字段，可以把这些字段冻结。右击要冻结的字段名称，在弹出的快捷菜单中选择"冻结字段"命令，冻结的字段就会移动到表的最前方，不会随着滚动条的移动而移动。可以在已有冻结字段的基础上再新冻结字段，新冻结字段会移动到原冻结字段的右边。

（7）取消冻结字段。

右击表中某一字段名称，在弹出的快捷菜单中选择"取消冻结所有字段"命令，就取消了所有的冻结字段。

（8）设置文字格式。

为了使表中数据显示得清晰美观，可以改变数据的字体、字型、字号、颜色等。使用"开始"选项卡"文本格式"组中的工具可以修改文字格式。

（9）设置数据表格式。

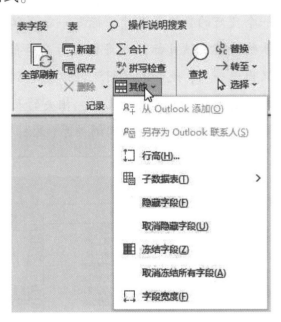

为了美观整齐，显示数据表时可以设置数据表的网格线、背景颜色、单元格显示效果等。单击"开始"选项卡"文本格式"组右下角的"设置数据表格式"按钮 ，弹出"设置数据表格式"对话框，如图2-4-10所示，可在对话框中设置数据表格式。"背景色"设置数据表奇数行背景颜色，"替代背景色"设置数据表偶数行背景颜色。

此外可以单击"开始"选项卡"记录"组中的"其他"按钮，显示下拉菜单，如图2-4-13所示，使用下拉菜单中的命令可以进行调整行高、调整字段宽度、隐藏字段、取消隐藏字段、冻结字段、取消冻结所有字段等操作。

图2-4-13　"其他"下拉列表

【试一试】

（1）对订单明细表中的"状态ID"字段使用查阅向导，数据项来源于订单明细状态表中的"状态ID"字段值。

（2）设置订单明细表的数据和数据表格式，使其显示美观清晰。

（3）在订单表中添加"工作文件"字段，并添加数据。

【小本子】

总结本任务知识点，画出思维导图把它们串联起来。

任务五	**建立表之间的关系**

【任务描述】

一个良好的数据库设计目标之一就是消除数据冗余(重复数据)。Access 等关系型数据库管理系统为实现该目标,可将数据拆分存储到多个表中,不同表存储不同对象,尽量使每类数据只出现一次,表和表之间还可以关联到一起。"罗斯文"数据库就是把数据存储到了产品表、订单明细表、员工表等表中,相关的表有共有字段。本任务将通过创建各表之间的关系、实施参照完整性,介绍表之间的关系(见图 2-5-1)、参照完整性、子数据表。

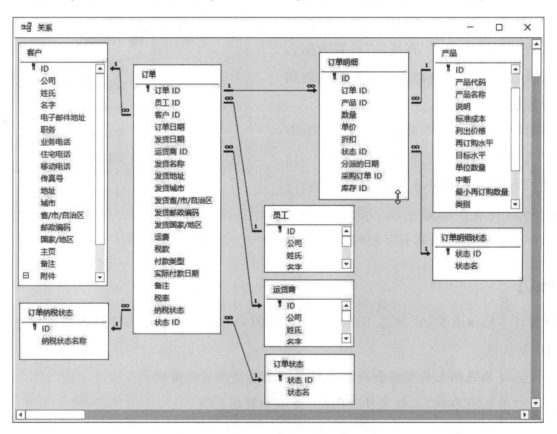

图 2-5-1 表之间关系

【做一做】

1. 需求分析

需求:创建各表之间的关系、实施参照完整性。

分析:首先分析创建关系的表数据,确定表之间的关系及在哪些字段上创建主键,再使

用关系设计视图设置关系。

2. 建立产品表和订单明细表之间的关系

（1）分析产品表和订单明细表之间的关系。产品表的"ID"字段和订单明细表的"产品 ID"字段是相关字段，产品表中的一条记录对应订单明细表多条记录，订单明细表中的一条记录只能对应产品表中的一条记录，它们是一对多的关系，产品表是主表，订单明细表是相关表。

（2）在主表产品表的相关字段"ID"上定义主键。

（3）单击"数据库工具"选项卡"关系"组中的"关系"按钮，打开关系设计视图，并自动打开"添加表"窗格，如图 2-5-2 所示。

图 2-5-2　关系设计视图和"添加表"窗格

提个醒

在关系设计视图中如果没有显示"添加表"窗格，可以通过右击关系设计视图空白位置，在弹出的快捷菜单中选择"显示表"命令打开。也可单击"关系设计"选项卡"关系"组中的"添加表"按钮打开。

（4）在"添加表"窗格中双击"产品"把产品表添加进关系设计视图，双击"订单明细"把订单明细表添加进关系设计视图，单击"关闭"按钮，隐藏显示对话框。关系设计视图如图 2-5-3 所示，钥匙标志表示在此字段上定义了主键。

（5）拖曳产品表的相关字段"ID"到订单明细表的相关字段"产品 ID"上，松开鼠标左键，弹出"编辑关系"对话框，如图 2-5-4 所示。

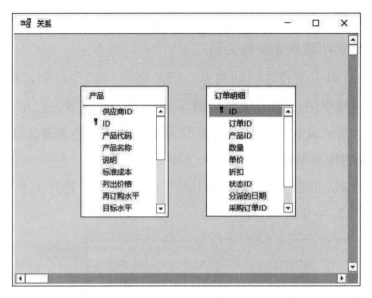

图 2-5-3 关系设计视图

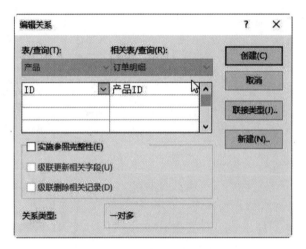

图 2-5-4 "编辑关系"对话框

（6）选中"实施参照完整性"复选框，单击"创建"按钮，关系创建完成，如图 2-5-5 所示。

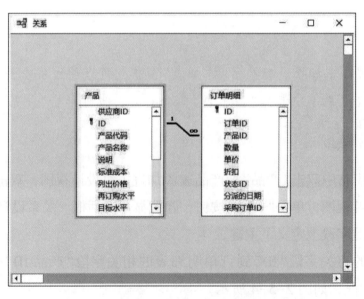

图 2-5-5 关系创建完成

（7）单击"保存"按钮，保存关系布局，关闭关系设计视图。

（8）打开主表产品表的数据表视图，每条记录前边有一个加号，如图 2-5-6 所示。单击某记录前的加号，可以显示相关表中的相关数据，这也叫子数据表，如图 2-5-7 所示。

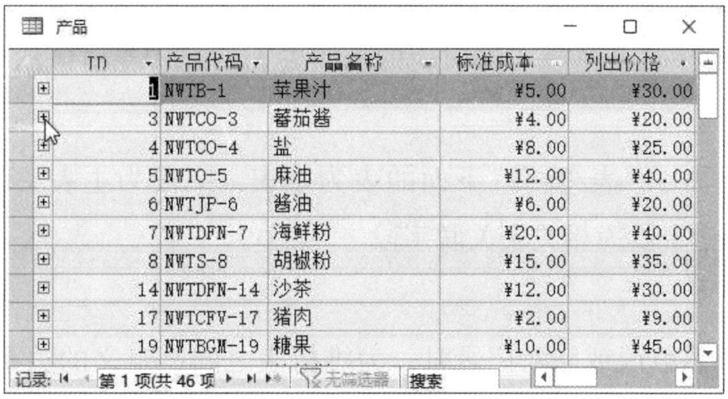

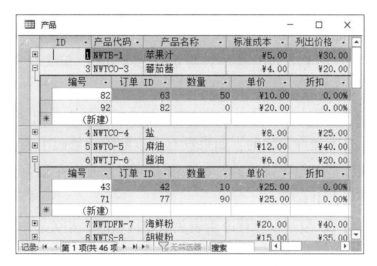

图 2-5-6　产品表数据表视图

图 2-5-7　子数据表数据

【学一学】

1. 表间关系

表间关系就是表中数据之间的关系，有三种。假设有表 A 和表 B，三种关系如下。

（1）一对一关系。

在一对一关系中，A 表中的一条记录在 B 表中只有一条匹配记录，而 B 表中的一条记录在 A 表中也只有一条匹配记录，例如教师表和工资表。

（2）一对多关系。

在一对多关系中，A 表中的一条记录在 B 表中有多条匹配记录，而 B 表中的一条记录在 A 表中只有一条匹配记录，例如产品表和订单明细表。

（3）多对多关系。

在多对多关系中，A 表中的一条记录在 B 表中有多条匹配记录，而 B 表中的一条记录在 A

表中也有多条匹配记录，例如产品表和课程表。

要操作多对多的表关系，必须创建第三个表，包含两个多对多关系表的主键字段，该表通常称为纽带表，它将多对多关系划分为两个一对多关系，例如选课表是纽带表，它和产品表、课程表都是一对多关系。

在 Access 中，一对多关系中"一"端对应的表叫主表，"多"端对应的表叫相关表。

2. 设置关系

"编辑关系"对话框中，"表/查询"下面的表为主表，字段为主表关联字段；"相关表/查询"下面的表为相关表，字段为相关表关联字段。

3. 参照完整性

参照完整性是在输入修改或删除记录时，为维持表之间已定义的关系而必须遵守的规则，可以保证相关表之间数据的一致。

在"编辑关系"对话框中只有选中"实施参照完整性"复选框，下面的"级联更新相关字段"复选框和"级联删除相关记录"复选框才可用。具体作用如下。

（1）"实施参照完整性"复选框没有选中：建立表之间关系，但关联字段数据添加、删除、修改彼此不相互影响。

（2）"实施参照完整性"复选框选中，下面的两个复选框没选中：删除主表记录时，如果在相关表中有相关数据，是不允许删除的，如果没有可以删除；修改主表关联字段值时，如果在相关表中有相关数据，是不允许修改的，如果没有可以修改；在相关表中添加或修改关联字段值时，其值必须是主表中有的。

（3）"级联更新相关字段"复选框：修改主表关联字段值时，相关表中的相关数据自动随着修改。

（4）"级联删除相关记录"复选框：删除主表记录，相关表中的相关记录随着删除。

【试一试】

（1）观察订单表、运货商表、员工表、客户表、订单明细状态表、订单状态表、订单纳税状态表的结构数据，确定表之间的关系，依据图 2-5-1 创建表之间的关系，并实施参照完整性。

（2）在主表中删除、修改记录，在相关表中添加记录，验证参照完整性各规则。

【小本子】

总结本任务知识点，画出思维导图把它们串联起来。

任务六　对数据进行排序和筛选

【任务描述】

在浏览表数据时，默认显示的是所有的记录，显示顺序为记录的输入顺序。而在实际应用中，记录的显示顺序是按需要排列的，并且经常只显示需要的部分数据。本任务将通过对产品表的数据按类别、产品代码等字段进行排序，并从产品表中筛选出需要的数据显示，介绍记录的排序和筛选。

【做一做】

1. 需求分析

需求：根据要求对产品表的数据进行排序筛选，显示需要的数据。

分析：在数据表视图中应用"开始"选项卡"排序和筛选"组中的工具对产品表数据进行排序和筛选。

2. 按"标准成本"升序显示产品表数据

（1）打开产品表的数据表视图。

（2）单击"标准成本"字段的某个字段值，文本插入符在"标准成本"这一列，或选中"标准成本"字段。

（3）单击"开始"选项卡"排序和筛选"组中的"升序"按钮，如图2-6-1所示。产品表数据按标准成本升序显示，如图2-6-2所示。在"标准成本"字段名右边有一个向上的箭头，表示升序显示。

图2-6-1　单击"开始"选项卡"排序和筛选"组中的"升序"按钮

3. 先按"类别"降序再按"列出价格"降序显示产品表数据

（1）单击"类别"字段名称，选中字段，在"类别"字段名称上按住鼠标左键不放，拖曳"类别"字段到"列出价格"字段的左边。

图 2-6-2　按标准成本升序显示

（2）选中"类别"和"列出价格"字段，单击"开始"选项卡"排序和筛选"组中的"降序"按钮，产品表数据先按"类别"字段值降序排序，"类别"字段值相同再按"列出价格"字段值降序排序。降序排序后的子数据表数据如图 2-6-3 所示。

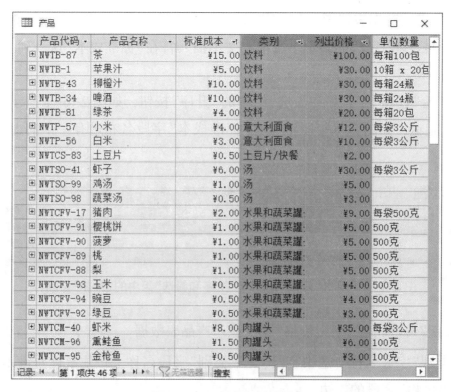

图 2-6-3　子数据表数据

4. 筛选出和"啤酒"标准成本相同的产品信息

找到产品表中"啤酒"的记录，他的标准成本为 10，右击"标准成本"单元格，弹出快捷菜单，选择"等于'￥10.00'"选项，如图 2-6-4 所示，筛选出标准成本为 10 的产品信息，如图 2-6-5 所示。

图 2-6-4　按选定内容筛选

图 2-6-5　标准成本为 10 的产品信息

提个醒

右击的字段值数据类型不同，快捷菜单中的筛选选项不同。对于"文本"类型字段，筛选选项包括"等于""不等于""包含""不包含"；对于"日期/时间"类型字段，筛选选项包括"等于""不等于""不晚于""不早于"；对于"数字""货币"类型字段，筛选选项包括"等于""不等于""小于或等于""大于或等于"。在筛选选项右边是右击的字段值。

5. 筛选出标准成本在 10 到 20 之间的产品信息

(1) 单击"标准成本"字段的某个字段值，文本插入符在"标准成本"这一列，或选中"标准成本"字段。

(2) 单击"开始"选项卡"排序和筛选"组中的"筛选器"按钮，在"标准成本"字段列显示快捷菜单，选择"数字筛选器"显示子菜单，选择"介于"，如图 2-6-6 所示。弹出"数字范围"对话框，在"最小"文本框输入"10"，在"最大"文本框输入"20"，如图 2-6-7 所示。

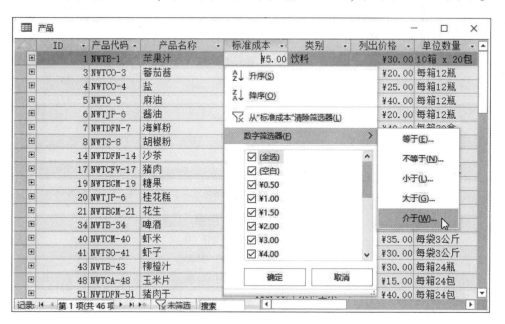

图 2-6-6　使用筛选器筛选

图 2-6-7　"数字范围"对话框

(3) 单击"确定"按钮，筛选出标准成本在 10 到 20 之间的产品信息。

提个醒

选中的字段数据类型不同，筛选器显示的快捷菜单筛选选项也不同。选中"文本"类型字段，快捷菜单中显示"文本筛选器"，其筛选选项如图 2-6-8 所示。复选框选中表示要显示的记录，复选框没有选中表示不显示的记录。

筛选选项后的省略号表示选中此筛选选项后会弹出对话框，让用户输入筛选数据。

选中"日期/时间"类型字段，快捷菜单中显示"日期筛选器"，其筛选选项如图 2-6-9 所示。

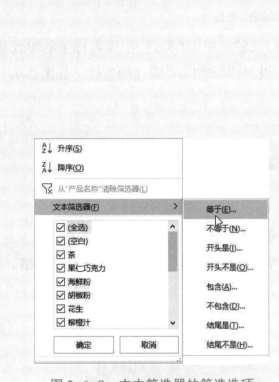

图 2-6-8　文本筛选器的筛选选项

图 2-6-9　"日期筛选器"的筛选选项

数字筛选选项和货币筛选选项相同。

6. 取消筛选

单击"开始"选项卡"排序和筛选"组中的"切换筛选"按钮，可以取消筛选，恢复所有记录。

提个醒

如果当前应用了筛选，单击"切换筛选"是取消筛选；如果没有应用筛选，单击"切换筛选"是应用筛选。

单击"开始"选项卡"排序和筛选"组中的"高级"按钮，在弹出的下拉菜单中选择"清除所有筛选器"，可以清除所有筛选条件，恢复所有记录。

7. 筛选调味品类别标准成本小于 5 的和饮料类别标准成本大于 10 的产品信息

(1)单击"开始"选项卡"排序和筛选"组中的"高级"按钮，在弹出的下拉菜单中选择"按窗体筛选"，数据表视图变为"按窗体筛选"窗口，如图 2-6-10 所示。

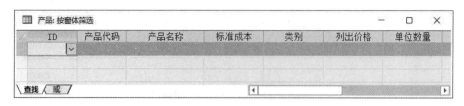

图 2-6-10 "按窗体筛选"窗口

（2）单击"标准成本"字段名称下的单元格，输入"<5"。单击"类别"字段名称下的单元格，出现下拉按钮，单击下拉按钮，选择"调味品"选项，设置按"调味品"筛选的条件，如图 2-6-11 所示。

图 2-6-11 设置按"调味品"筛选的条件

（3）单击左下角的"或"，新建一个"或"标签页单击"标准成本"字段名称下的单元格，输入">10"。单击"类别"字段名称下的单元格，出现下拉按钮，单击下拉按钮，选择"饮料"选项，设置按"饮料"筛选的条件，如图 2-6-12 所示。

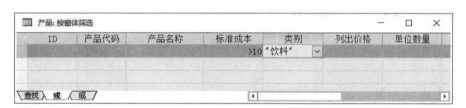

图 2-6-12 设置按"饮料"筛选的条件

（4）单击"开始"选项卡"排序和筛选"组中的"切换筛选"按钮，应用筛选，筛选结果如图 2-6-13 所示。

图 2-6-13 筛选结果

提个醒

单击"按窗体筛选"窗口左下角的"或"，可以添加"或"标签页，同一页各个单元格的条件是"并且"的关系，不同页条件是"或者"的关系。

1. 排序规则

排序有两种：升序和降序。升序是从小到大，降序是从大到小。不同类型的数据排序规则是不一样的，如下所示。

(1)数字类型和货币类型数据按数字的大小比较。

(2)是/否类型数据由于"是"是-1，"否"是0，所以"否"大"是"小。

(3)日期/时间类型数据先比较"年"，"年"大的日期大；"年"相同再比较"月"，"月"大的日期大；"月"相同的再比较"日"，"日"大的日期大；如果"日"再相同，有"时""分""秒"再依次比较，没有"时""分""秒"的日期就相等。

(4)文本类型数据比较时不考虑文本数据所包含字符个数，先比较第一个字符，第一个字符大的整个文本就大；第一个字符相等，再比较第二个字符，第二个字符大的整个文本就大，以此类推；比较到最后如果一个有字符，一个没有字符，没有的小。文本可以包含汉字、英文字母、数字等，总的来说汉字大于英文字母，英文字母大于数字；汉字按汉语拼音顺序排列，升序时按 A 到 Z 排，降序时按 Z 到 A 排；英文字母不区分大小写，升序时按 A 到 Z 排，降序时按 Z 到 A 排；数字按 0 到 9 的顺序从小到大排。注意：文本"15"是含有两个字符的文本，不是一个数字，它小于文本"2"。

此外排序时还要注意以下几点。

(1)排序时，空值最小。

(2)长文本、超链接、OLE 对象和附件数据类型字段不能排序。

(3)排序后，排序次序可以和表一起存储。

2. 多字段排序

在数据表中按多字段进行排序时，首先要把这几个字段移动到一起，优先按谁排序谁在左边。排序时这几个字段只能同时升序排列，或同时降序。

如果同时按多个字段进行排序，有的是升序，有的是降序，可以单击"开始"选项卡"排序和筛选"组中的"高级"按钮，在弹出的下拉菜单中选择"高级筛选/排序"，也可以使用查询对象。

3. 取消排序

单击"开始"选项卡"排序和筛选"组中的"取消排序"按钮，取消排序，记录恢复原来的顺序。

【试一试】

(1)对订单表按订单日期升序显示。

(2)对订单表按运费降序显示。

（3）对员工表先按姓氏升序，再按名字升序显示。

【小本子】

总结本任务知识点，画出思维导图把它们串联起来。

任务七 导入导出数据信息

【任务描述】

在实际应用中，有很多类型的文件可以存储数据，例如使用 Excel 生成的表、文本文件、XML 文件等。使用 Access 的导入并链接和导出数据功能，可以把其他类型文件中的数据导入数据库，也可以把数据库中的数据导出到其他类型文件。本任务通过把其他 Access 数据库数据、Excel 文件中的数据导入"罗斯文"数据库中，介绍 Access 的导入并链接功能；通过把"罗斯文"数据库中的数据导出到 Excel 文件、文本文件，介绍 Access 的导出功能。

【做一做】

1. 需求分析

需求：把其他 Access 数据库数据、Excel 文件中的数据导入"罗斯文"数据库中，把"罗斯文"数据库中的数据导出到 Excel 文件、文本文件。

分析：本任务应用 Access 的导入并链接和导出数据功能实现。

2. 把"图书信息"数据库中的"书籍表""员工表"导入"罗斯文"数据库中

（1）在功能区单击"外部数据"选项卡"导入并链接"组中的"新数据源"按钮，在其下拉菜单中依次选择"从数据库"-"Access"选项，如图 2-7-1 所示，打开"获取外部数据-Access 数据库"对话框。

在"选择数据源和目标"界面单击"浏览"按钮，选择"图书信息.accdb"数据库文件，选择"将表、查询、窗体、报表、宏和模块导入当前数据库"单选按钮，如图 2-7-2 所示。

图 2-7-1 导入外部数据快捷菜单

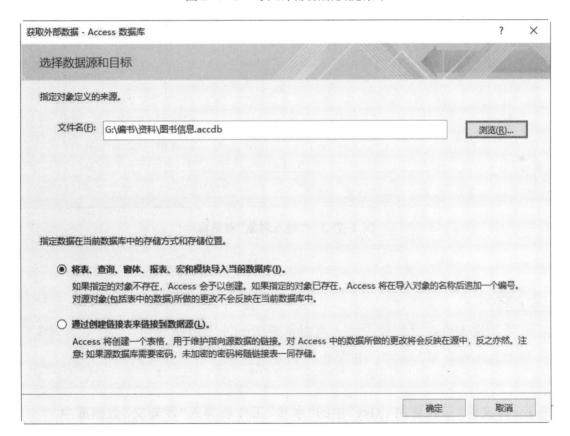

图 2-7-2 从 Access 数据库导入数据

(2)单击"确定"按钮，弹出"导入对象"对话框，选中"表"选项卡中的"书籍表"和"职员表"，如图 2-7-3所示。

(3)单击"确定"按钮，弹出"保存导入步骤"对话框，单击"关闭"按钮完成导入，在导航窗格中表下就可以看到"书籍表"和"职员表"了。

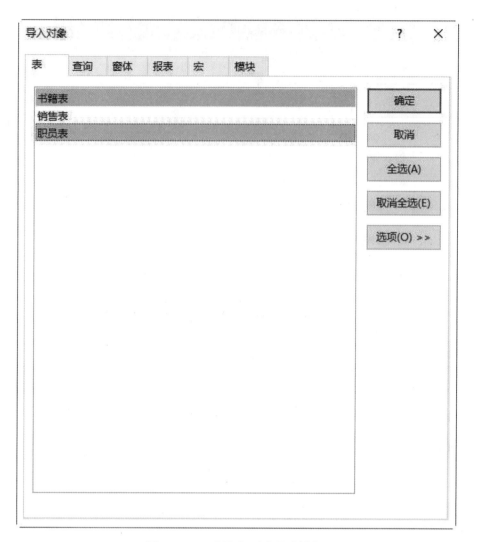

图 2-7-3 "导入对象"对话框

提个醒

可以将其他 Access 数据库中的各类对象导入到当前数据库中，在"导入对象"对话框中，单击具体对象可以选中，再单击可以取消选中，将来只导入选中对象。

---

3. 把 Excel 文件"应扣费用 . xlsx"中的"水费"工作表导入"罗斯文"数据库中

（1）单击"外部数据"选项卡"导入并链接"组中的"新数据源"按钮，在其下拉菜单中依次选择"从文件"−"Excel"选项，打开"获取外部数据−Excel 电子表格"对话框，在"选择数据源和目标"界面单击"浏览"按钮，选择"应扣费用 . xlsx"Excel 文件，选择"将源数据导入当前数据库的新表中"单选按钮，如图 2-7-4 所示。

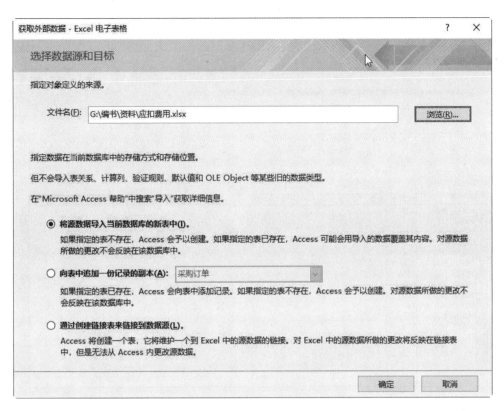

图 2-7-4　从 Excel 文件导入数据

（2）单击"确定"按钮，弹出"导入数据表向导"对话框，选择"显示工作表"单选按钮，再选中"水费"工作表，如图 2-7-5 所示。

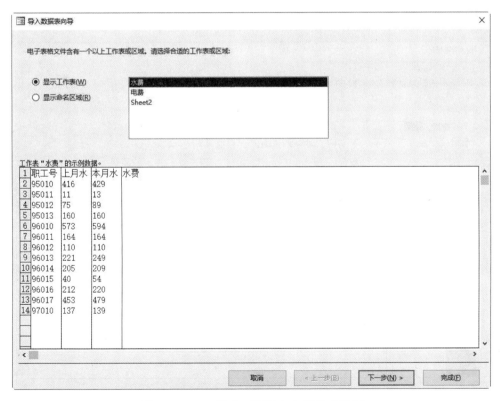

图 2-7-5　"导入 数据表向导"对话框

（3）单击"下一步"按钮，进入询问数据第一行是否是字段名称的界面，导入的数据第一行

是字段名称，选中"第一行包含列标题"复选框，如图 2-7-6 所示。

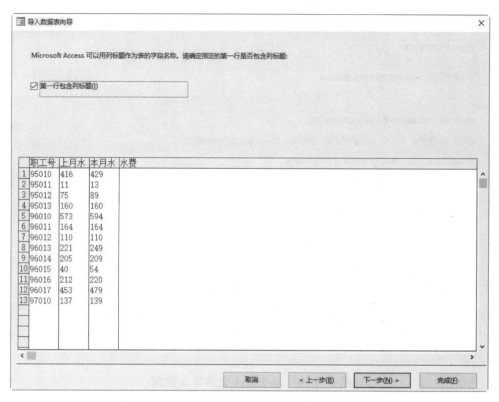

图 2-7-6　选中"第一行包含列标题"复选框

（4）单击"下一步"按钮，进入修改字段类型的界面，如图 2-7-7 所示，这里保持默认设置，如果需要修改可以导入后再修改。

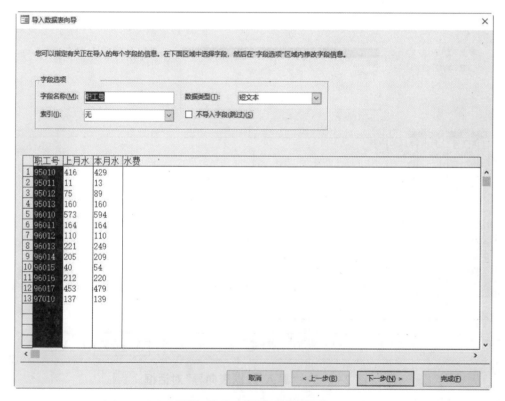

图 2-7-7　修改字段类型

（5）单击"下一步"按钮，进入设置表主键的界面，选择"我自己选择主键"单选按钮，在右侧的下拉列表框中选择"职工号"，在"职工号"字段上定义主键，如图 2-7-8 所示。

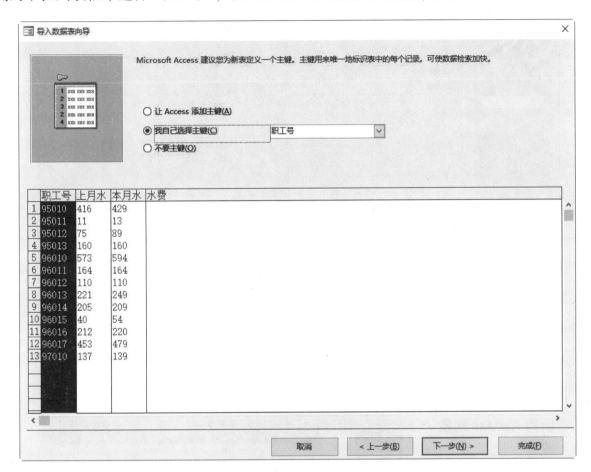

图 2-7-8　定义主键

提个醒

"让 Access 添加主键"：自动添加自动编号字段"ID"，并定义为主键。

"我自己选择主键"：在导入的数据中选择字段定义主键。

"不要主键"：导入的数据不定义主键。

（6）单击"下一步"按钮，进入输入表名的界面，输入新表名称"应扣水费"，如图 2-7-9所示。

（7）单击"完成"按钮，弹出"保存导入步骤"对话框，单击"关闭"按钮完成导入，在导航窗格中"表"下就可以看到"应扣水费"了，双击"应扣水费"表名，打开应扣水费表的数据表视图，导入的应扣水费数据如图 2-7-10 所示。

4. 把"罗斯文"数据库中的"产品"表数据导出到 Excel 文件中

（1）在导航窗格中单击表名"产品"，选中表。

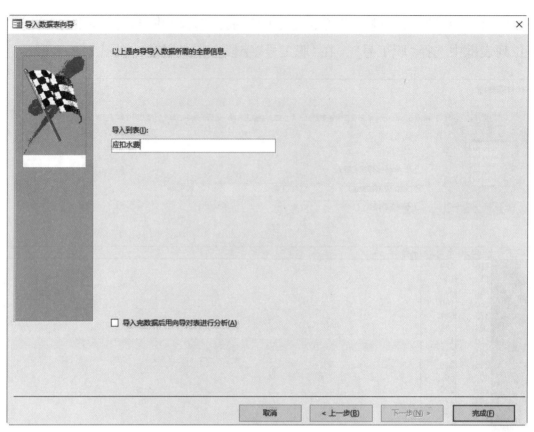

图 2-7-9　输入表名

（2）单击"外部数据"选项卡"导出"组中的"Excel"按钮，弹出"导出–Excel 电子表格"对话框，单击"浏览"按钮，设置存储位置为 E 盘根目录，Excel 文件名为"产品信息 . xlsx"，文件格式为"Excel Workbook（ ∗ . xlsx）"，如图 2-7-11 所示。

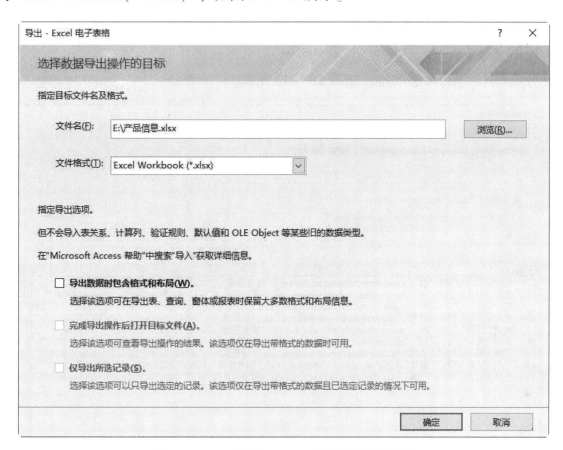

图 2-7-11　"导出–Excel 电子表格"对话框

（3）单击"确定"按钮，弹出"保存导出步骤"对话框，单击"关闭"按钮完成导出。

（4）打开 E 盘根目录下"产品信息 . xlsx"文件，显示出产品数据，如图 2-7-12 所示。

图 2-7-12　导出的产品数据

5. 把"罗斯文数据库"数据库中的"员工"数据导出到文本文件中

（1）在导航窗格中单击表名"员工"，选中表。

（2）单击"外部数据"选项卡"导出"组中的"文本文件"按钮，弹出"导出－文本文件"对话框，单击"浏览"按钮设置存储位置为 E 盘根目录，文本文件名为"员工信息．txt"。

（3）单击"确定"按钮，弹出"导出文本向导"对话框，选择"带分隔符－用逗号或制表符之类的符号分隔每个字段"单选按钮，如图 2-7-13 所示。

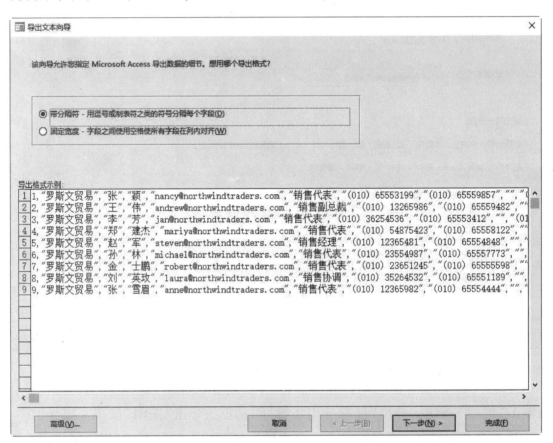

图 2-7-13 "导出文本向导"对话框

👨‍💻 **提个醒**

"带分隔符－用逗号或制表符之类的符号分隔每个字段"：导出的数据之间用逗号或其他分隔符号分隔，文本数据默认用双引号引起来。

"固定宽度－字段之间使用空格使所有字段在列内列齐"：导出的数据每列宽度相同，之间没有分隔符，文本数据也不用其他符号引起来。

（4）单击"下一步"按钮，进入设置字段分隔符等信息的界面。在"请选择字段分隔符"组选择"逗号"单选按钮，选中"第一行包含字段名称"复选框，"文本识别符"下拉列表框用于设置导出的文本数据用什么引起来，选择双引号，如图 2-7-14 所示。

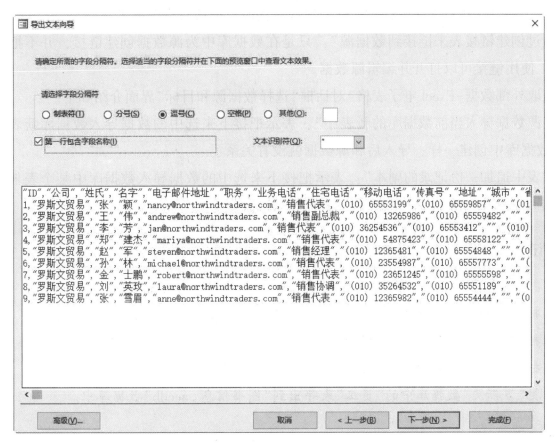

图 2-7-14 设置字段分隔符等信息

（5）单击"下一步"按钮，进入设置导出的文件名称和存储位置的界面，在这可以修改。

（6）单击"确定"按钮，弹出"保存导出步骤"对话框，单击"关闭"按钮完成导出。

（7）打开 E 盘根目录下"员工信息 .txt"文件，显示出员工数据，如图 2-7-15 所示。

图 2-7-15 员工数据

【学一学】

"获取外部数据–Access 数据库"对话框"选择数据源和目标"界面介绍如下。

"将表、查询、窗体、报表、宏和模块导入当前数据库"：表示把接下来选中的对象导入

数据库中，和直接在数据库中创建一样，导入后和源数据就没有关系了。

"通过创建链接表来链接到数据源"：只是在数据库中为源数据创建链接，并不把数据直接导入，使用链接可以打开并编辑源数据。

"获取外部数据–Excel 电子表格"对话框"选择数据源和目标"界面介绍如下。

"将源数据导入当前数据库的新表中"：表示把接下来选中的数据导入数据库新表中，和直接在数据库中创建一样，导入后和源数据就没有关系了。

"向表中追加一份记录的副本"：表示把接下来选中的数据导入数据库中某个表末尾，选中的数据结构和目标表的结构要一致，否则导入失败。

【试一试】

（1）把"图书信息 . accdb"数据库中的销售表导入"罗斯文"数据库中。

（2）把"应扣费用 . xlsx"文件中的"电费"工作表数据导入"罗斯文"数据库中。

（3）把"罗斯文"数据库中的"供应商"表导出到"供应商信息 . xlsx"文件中。

（4）把"罗斯文"数据库中的"订单"表导出到"订单信息 . txt"文件中。

（5）把"罗斯文"数据库中的"员工"表导出到"图书信息 . accdb"数据库中。

【小本子】

总结本任务知识点，画出思维导图把它们串联起来。

PROJECT 3

项目 ③

信息查询

【知识导引】

查询是对数据结果的请求，也是对数据的操作。用户可以使用查询来获取一些所需的数据、执行计算、合并来自不同表格的数据，甚至可以添加、更改或删除表格数据。

随着表的增长，在表中可能有成千上万的记录，这使得用户无法从该表中挑选出特定的记录。通过查询，用户可以对表中的数据进行筛选，以便只获取所需的信息。

Access 中的查询主要包括"选择查询""参数查询""交叉表查询""操作查询""SQL 查询"［SQL 为结构查询语言（Structure Query Language）的缩写］五大类。

任务一 **查询统计订单明细信息**

【任务描述】

如果只想查看一个表格中特定字段或特定记录的数据，或者同时查看多个表格中的数据，或者对查询记录进行分组，并对记录进行求和、计数、平均及其他类型操作，则可以使用"选择查询"。

本任务首先通过"查询向导"从多个表中查询所有学生的基本信息，接着通过查询设计视图查询满足条件的学生信息并对各科成绩进行汇总。

【做一做】

1. 通过"查询向导"查询所有订单信息

从"罗斯文"数据库中的相关表中查询所有订单信息，包括"订单ID""订单日期""运费""产品名称""数量""单价""状态"共7个字段，并将创建的查询命名为"选择查询–订单详细信息"。

有时我们查询的内容并不在同一个表中，本任务中的7个字段分别来自"订单""产品""订单明细""订单明细状态"4个独立的表，可以使用"查询向导"来完成相应的操作，步骤如下：

(1)打开"罗斯文"数据库，在"创建"选项卡"查询"组中选择"查询向导"命令，打开"新建查询"对话框，如图 3-1-1 所示。

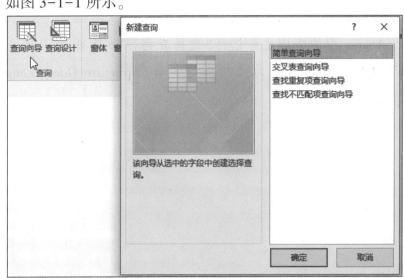

图 3-1-1 打开"新建查询"对话框

（2）在"新建查询"对话框中选择"简单查询向导"，单击"确定"按钮打开"简单查询向导"对话框，如图 3-1-2 所示。

（3）选择"订单"表，将"可用字段"列表框中的"订单 ID""订单日期""运费"3 个字段通过按钮移动到"选定字段"列表框中，如图 3-1-3 所示。

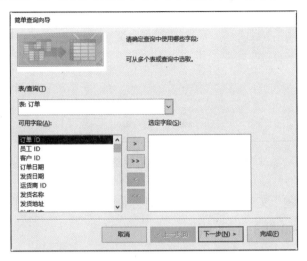

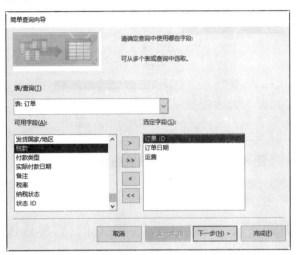

图 3-1-2　打开"简单查询向导"对话框　　　　图 3-1-3　选择"订单"表字段

（4）选择"产品"表，将"可用字段"列表框中的"产品名称"字段通过按钮移动到"选定字段"列表框中，如图 3-1-4 所示。

（5）选择"订单明细"表，将"可用字段"列表框中的"数量"和"单价"字段通过按钮移动到"选定字段"列表框中，如图 3-1-5 所示。

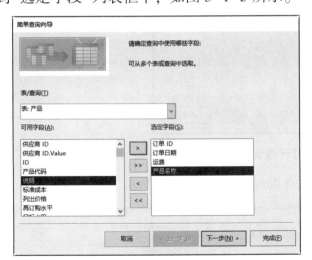

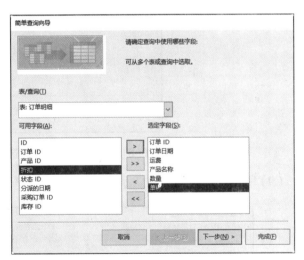

图 3-1-4　选择"产品"表字段　　　　图 3-1-5　选择"订单明细"表字段

（6）选择"订单明细状态"表，将"可用字段"列表框中的"状态名"字段通过按钮移动到"选定字段"列表框中，如图 3-1-6 所示。

（7）单击"下一步"按钮，在"请确定采用明细查询还是汇总查询"中选择"明细（显示每个记录的每个字段）"单选按钮，如图 3-1-7 所示。

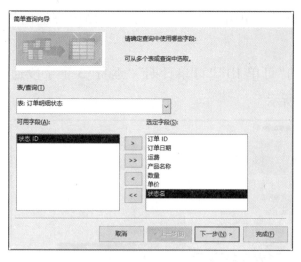

图 3-1-6 选择"订单明细状态"表字段

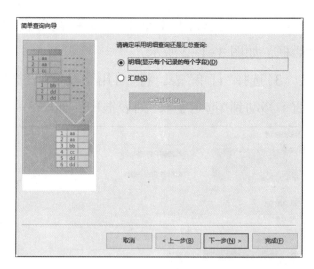

图 3-1-7 采用明细查询

（8）单击"下一步"按钮，在"请为查询指定标题"文本框中填写查询标题"选择查询–订单详细信息"，选择"打开查询查看信息"单选按钮，如图 3-1-8 所示。

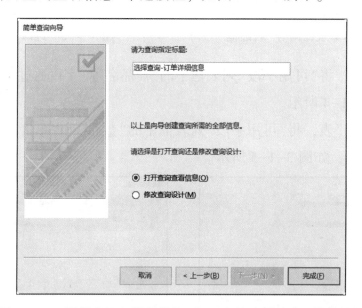

图 3-1-8 设置查询标题并选择"打开查询查看信息"单选按钮

（9）单击"完成"按钮，系统会自动打开查询，查询结果如图 3-1-9 所示。

订单 ID	订单日期	运费	产品名称	数量	单价	状态名
30	2006/1/15	¥200.00	啤酒	100	¥14.00	已开票
30	2006/1/15	¥200.00	葡萄干	30	¥3.50	已开票
31	2006/1/20	¥5.00	海鲜粉	10	¥30.00	已开票
31	2006/1/20	¥5.00	猪肉干	10	¥53.00	已开票
31	2006/1/20	¥5.00	葡萄干	10	¥3.50	已开票
32	2006/1/22	¥5.00	苹果汁	15	¥18.00	已开票
32	2006/1/22	¥5.00	柳橙汁	20	¥46.00	已开票
33	2006/1/30	¥50.00	糖果	30	¥9.20	已开票
34	2006/2/6	¥4.00	糖果	20	¥9.20	已开票
35	2006/2/7	¥7.00	玉米片	10	¥12.75	已开票
36	2006/2/23	¥7.00	虾子	200	¥9.65	已开票
37	2006/3/6	¥12.00	胡椒粉	17	¥40.00	已开票
38	2006/3/10	¥10.00	柳橙汁	300	¥46.00	已开票
39	2006/3/22	¥5.00	玉米片	100	¥12.75	已开票
40	2006/3/24	¥9.00	绿茶	200	¥2.99	已开票

记录：第 1 项(共 58 项) 无筛选器 搜索

图 3-1-9 查询结果

使用查询向导创建查询时，字段的顺序就是字段被移动到"选定字段"的顺序，查询向导操作过程中无法进行修改，如要对字段的顺序进行修改，需要在单击"完成"之前选择"修改查询设计"单选按钮，查询完成后系统会自动进入查询的设计视图界面，单击相应"字段行"上面的空白区域，选定该字段，然后通过鼠标拖曳的方式，将该字段拖曳到想要的位置即可，如图3-1-10所示。

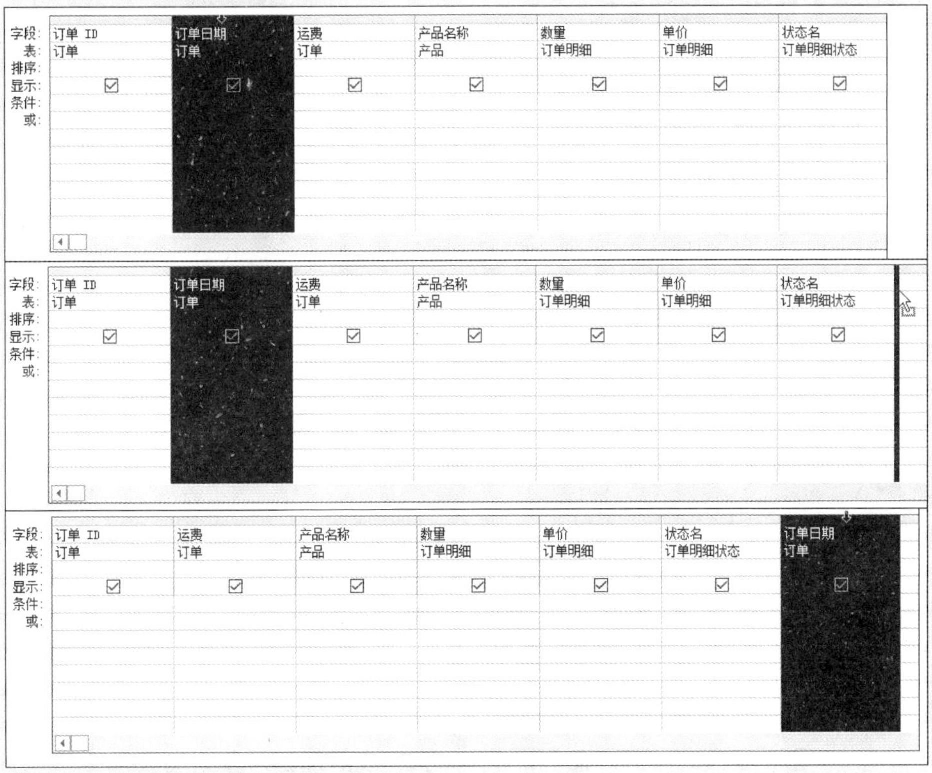

图3-1-10　修改字段顺序

2. 通过查询设计视图查询符合条件的产品订单信息

从"罗斯文"数据库中查询类别为"饮料"并且订单"单价"大于30元的产品信息，包括"产品代码""产品名称""类别""单位数量""单价"共5个字段，并将创建的查询命名为"选择查询－订单单价大于30元的饮料产品信息"。

本次查询涉及的5个字段分别来自"产品""订单明细"两个表，需要将饮料类产品中单价大于30元的记录显示出来，在查询过程中需要给"类别"字段和"单价"字段设置相应的条件。我们将使用查询设计视图来完成本次查询，步骤如下。

(1)打开"罗斯文"数据库，在"创建"选项卡中的"查询"组中选择"查询设计"命令，打开查询设计视图，并弹出"显示表"对话框，如图3-1-11所示。

(2)在"显示表"对话框中依次双击"产品""订单明细"两个表或按住"Ctrl"键分别选中"产

品"和"订单明细"表后单击"添加"按钮,将两个表添加到对象列表区,单击"关闭"按钮,如图 3-1-12 所示。

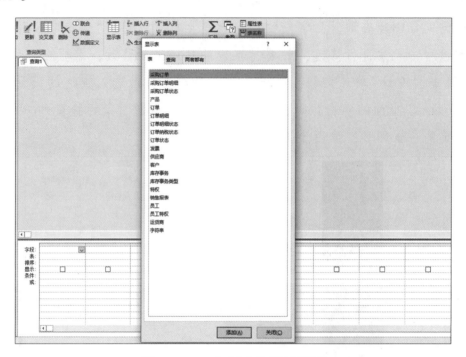

图 3-1-11　打开查询设计视图

图 3-1-12　将"产品"和"订单明细"表添加到对象列表区

　　(3)依次双击"产品"表中的"产品代码""产品名称""类别""单位数量"4 个字段和"订单明细"表中的"单价"字段,将它们添加到"字段"行的第 1~5 列上,如图 3-1-13 所示。

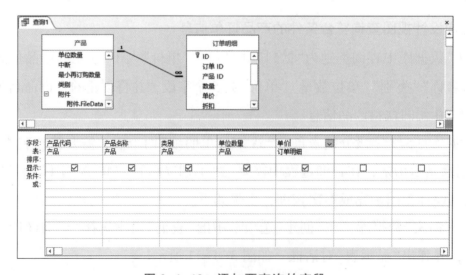

图 3-1-13　添加要查询的字段

（4）在"类别"字段的"条件"行中输入""饮料""，在"单价"字段的"条件"行中输入">30"，如图 3-1-14 所示。

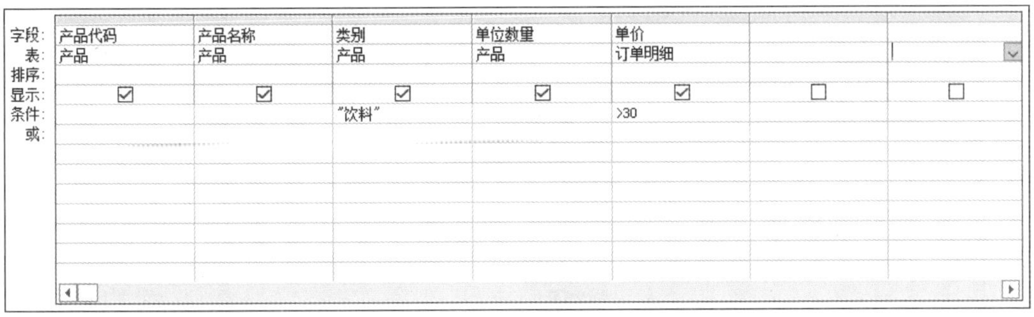

字段	产品代码	产品名称	类别	单位数量	单价		
表	产品	产品	产品	产品	订单明细		
排序							
显示	☑	☑	☑	☑	☑	☐	☐
条件			"饮料"		>30		
或							

图 3-1-14　设置条件

（5）单击快速访问工具栏上的"保存"按钮 ■，在弹出的"另存为"对话框中输入查询名称"选择查询-订单单价大于 30 元的饮料产品的信息"，单击"确定"按钮即可。

（6）单击"设计"选项卡"结果"组中的"运行"按钮，查询结果如图 3-1-15 所示。

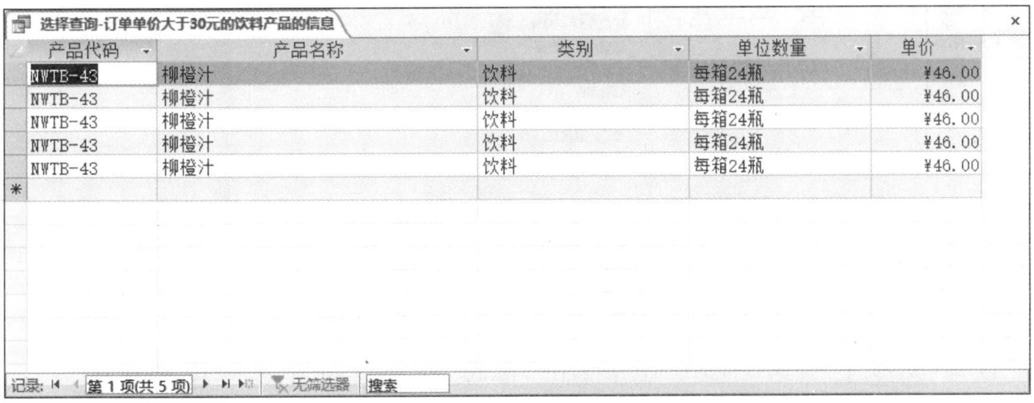

产品代码	产品名称	类别	单位数量	单价
NWTB-43	柳橙汁	饮料	每箱24瓶	¥46.00
NWTB-43	柳橙汁	饮料	每箱24瓶	¥46.00
NWTB-43	柳橙汁	饮料	每箱24瓶	¥46.00
NWTB-43	柳橙汁	饮料	每箱24瓶	¥46.00
NWTB-43	柳橙汁	饮料	每箱24瓶	¥46.00

图 3-1-15　查询结果

3. 通过"查询设计视图"分组统计查询结果

从"罗斯文"数据库中查询并统计各订单中产品的最高单价、最低单价和平均单价，包括"订单 ID""平均单价""最高单价""最低单价"共 4 个字段，并将创建的查询命名为"选择查询-分组统计-各订单最高单价最低单价平均单价"。

本次查询涉及的 4 个字段可以由第一步所创建的名为"选择查询-订单详细信息"的查询来提供，我们需要按"订单 ID"进行分组，分别计算并显示各订单中产品单价的"平均单价""最高单价""最低单价"，使用查询设计视图来完成本次查询，步骤如下。

（1）打开"罗斯文"数据库，在"创建"选项卡中的"查询"组中选择"查询设计"命令，打开查询设计视图，并弹出"显示表"对话框，如图 3-1-11 所示。

（2）在"显示表"对话框中选择"查询"选项卡，通过双击查询名或选中查询再单击"添加"按钮的方式将名为"选择查询-订单详细信息"的查询添加到查询设计视图的对象列表区，单击"关闭"按钮，如图 3-1-16 所示。

（3）在查询设计视图上的对象列表区中双击"选择查询-订单详细信息"中的"订单 ID"字

段，将其添加到"字段"行中。

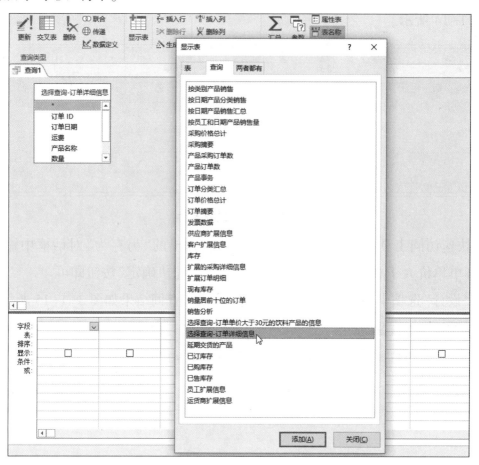

图 3-1-16　添加查询到对象列表区

（4）在"设计"选项卡"显示/隐藏"组中单击"汇总"按钮，如图 3-1-17 所示。

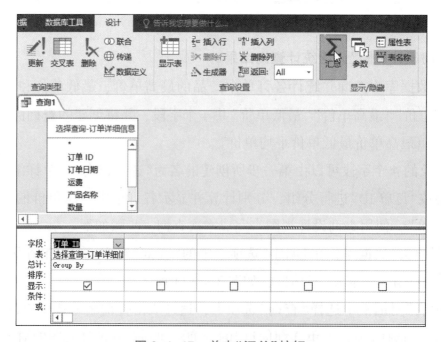

图 3-1-17　单击"汇总"按钮

（5）双击"选择查询-订单详细信息"中的"单价"字段，将其添加到"字段"行中的第二列，将“字段”内容修改为“平均单价：单价”，单击“总计”单元格，在下拉列表中选择“平均值”。

(6)参照上一步，添加“最高单价”和“最低单价”列，设置汇总字段，如图 3-1-18 所示。

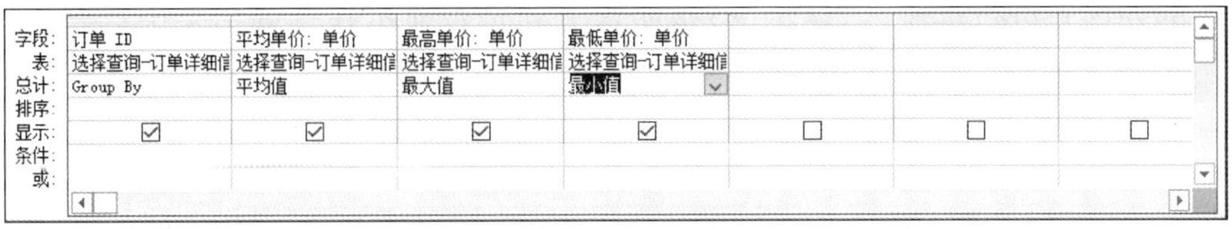

字段:	订单 ID	平均单价: 单价	最高单价: 单价	最低单价: 单价			
表:	选择查询-订单详细信	选择查询-订单详细信	选择查询-订单详细信	选择查询-订单详细信			
总计:	Group By	平均值	最大值	最小值			
排序:							
显示:	☑	☑	☑	☑	☐	☐	☐
条件:							
或:							

图 3-1-18　设置汇总字段

提个醒

在创建查询时，可以为字段设置别名，格式为“别名：字段名”。别名和字段名中间为英文半角冒号“:”。

(7)单击快速访问工具栏上的“保存”按钮，在弹出的“另存为”对话框中输入查询名称“选择查询-分组统计-各订单最高单价最低单价平均单价”，单击“确定”按钮即可。

(8)单击“设计”选项卡“结果”组中的“运行”按钮，分组统计结果如图 3-1-19 所示。

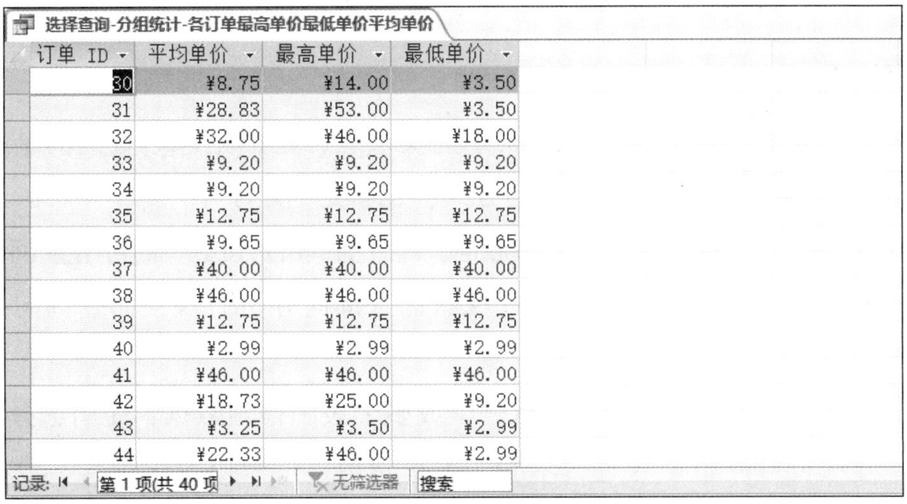

选择查询-分组统计-各订单最高单价最低单价平均单价

订单 ID	平均单价	最高单价	最低单价
30	¥8.75	¥14.00	¥3.50
31	¥28.83	¥53.00	¥3.50
32	¥32.00	¥46.00	¥18.00
33	¥9.20	¥9.20	¥9.20
34	¥9.20	¥9.20	¥9.20
35	¥12.75	¥12.75	¥12.75
36	¥9.65	¥9.65	¥9.65
37	¥40.00	¥40.00	¥40.00
38	¥46.00	¥46.00	¥46.00
39	¥12.75	¥12.75	¥12.75
40	¥2.99	¥2.99	¥2.99
41	¥46.00	¥46.00	¥46.00
42	¥18.73	¥25.00	¥9.20
43	¥3.25	¥3.50	¥2.99
44	¥22.33	¥46.00	¥2.99

记录: 第 1 项(共 40 项 无筛选器 搜索

图 3-1-19　分组统计结果

【学一学】

1. 查询设计视图

查询的设计视图分为两个区域，上半部分为对象列表区，下半部分为设计网格区，如图 3-1-20所示。

对象列表区：用于添加用户要查询的表或查询。如果查询的是两个或两个以上的表或查询，要建立表之间、查询之间、表和查询之间的关系。关系使用对象之间的连线表示。

设计网格区：用于设计要查询的内容。"字段"行用于显示要操作的字段或列；"表"行指明上边的字段来源于哪个表；"排序"行用于选择显示数据时按哪列数据内容进行升序或降序排序；前边的列优先进行排序；"显示"行指明这一列是否显示在查询结果中；"条件""或"及下面各行用于输入条件，同一行各单元格的条件是"并且"的关系，不同行条件是"或者"的关系。

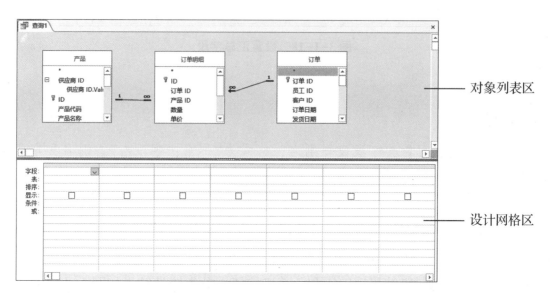

图 3-1-20　查询设计视图

2. 查询条件

在数据库中，查询就是从一个或多个表中查找某些特定的记录。查询的结果以二维表的形式显示，但是在数据库中只记录了查询的方式，也就是"规则"。

在 Access 中，查询向导是用户根据系统提示设计查询的方法，而利用查询设计视图，用户可以更灵活地对查询进行设计。查询设计视图比查询向导更直观，而查询向导更适用于初学者。

选择查询是较为常见的查询类型，它从一个或多个表中检索数据，使用选择查询也可以对记录进行分组，并且可对分组记录进行求和、求平均值、计数以及求最大、最小值等类型的计算。

若要将"条件"添加到 Access 查询中，可在设计视图中打开查询并确定要为其指定条件的字段(列)。如果该字段不在设计网格区中，双击字段将其添加到设计网格区，然后在该字段的"条件"行中输入条件，如图 1-1-14 所示。

查询条件是一个表达式，Access 用它与查询字段值相比较以确定当前记录是否满足条件。例如，在查询中可以将表达式">30"与"单价"字段中的值进行比较，如果给定记录中该字段的值大于 30，则将在查询结果中包括该记录。以下是一些在创建条件时可使用的常用条件示例，如表 3-1-1～表 3-1-4 所示。

表 3-1-1　文本、备忘录和超链接字段的条件

所选字段	条件	查询结果
国家/地区	"China"	国家/地区名称为"China"的记录。
	Not "Mexico"	国家/地区名称不为"Mexico"的记录。
	Like "U＊"	国家/地区名称以"U"开头(例如 UK、USA 等)的记录。注意：在表达式中使用时，星号(＊)代表任意字符串，也称为通配符。
	Not Like "U＊"	国家/地区名称不以"U"开头的记录。
	Like "＊Korea＊"	国家/地区名称包含字符串"Korea"的记录。
	Not Like "＊Korea＊"	国家/地区名称不包含字符串"Korea"的记录。
	Like "＊ina"	国家/地区名称以"ina"结尾(例如 China 和 Argentina)的记录。
	Not Like "＊ina"	国家/地区名称不以"ina"结尾的记录。
	Is Null	国家/地区名称没有值的记录。
	Is Not Null	国家/地区名称有值的记录。
	""(一对引号)	国家/地区名称为空白(但不为 NULL)值的记录。
	Not ""	国家/地区名称具有非空白值的记录。
	"" Or Is Null	国家/地区名称没有任何值或设置为空白值的记录。
	Is Not Null And Not ""	国家/地区名称具有非空白和非 NULL 值的记录。
	Like "[A-D]＊"	国家/地区名称以从"A"到"D"的某个字母开头的记录。注意：在表达式中中括号([ ])为通配符，一对中括号匹配一个字符，匹配中括号内任意单个字符。
	"USA" Or "UK"	国家/地区名称为 USA 或 UK 记录。
	In("France","China","Germany","Japan")	国家/地区名称为列表中指定的记录。
	Right([CountryRegion],1)= "y"	国家/地区名称最后一个字母为"y"的记录。
	Len([CountryRegion]) > 10	国家/地区名称长度超过 10 个字符的记录
	Like "Chi??"	国家/地区名称长度为五个字符且开头三个字符为"Chi"的记录。注意："?"是通配符，在表达式中表示单个任意字符。

表 3-1-2　数字、货币和自动编号字段的条件

所选字段	条件	查询结果
单价	100	单价为 100 的记录。
	Not 1000	单价不为 1000 的记录。
	<100	单价小于 100 的记录。
	>＝99.99	单价大于或等于 99.99 的记录。
	20 or 25	单价为 20 或 25 的记录。
	>49.99 and <99.99 – or – Between 50 and 100	单价介于 49.99 到 99.99 之间或 50 到 100 之间(但不包含 49.99 和 99.99)的记录。
	<50 or >100	单价小于 50 或大于 100 的记录。
	In(20，25，30)	单价为 20、25 或 30 的记录。

表 3-1-3　日期/时间字段的条件

所选字段	条件	查询结果
交易日期	#2/2/2006#	交易日期在 2006 年 2 月 2 日的记录。日期常量输入时两端必须加#，以便 Access 可以区分日期值和文本字符串。
	Not #2/2/2006#	交易日期不是 2006 年 2 月 2 日的记录。
	< #2/2/2006#	交易日期在 2006 年 2 月 2 日之前的记录。若要查看此日期当日或之前的交易，使用"＜＝"运算符而不是"＜"运算符。
	> #2/2/2006#	交易日期在 2006 年 2 月 2 日之后的记录。若要查看此日期当日或之后的交易，使用"＞＝"运算符而不是"＞"运算符。
	>#2/2/2006# and <#2/4/2006#	交易日期在 2006 年 2 月 2 日和 2006 年 2 月 4 日之间的记录。
	<#2/2/2006# or >#2/4/2006#	交易日期在 2006 年 2 月 2 日之前或 2006 年 2 月 4 日之后的记录。
	#2/2/2006# or #2/3/2006#	交易日期在 2006 年 2 月 2 日或 2006 年 2 月 3 日的记录。
	In(#2/1/2006#，#3/1/2006#，#4/1/2006#)	交易日期在 2006 年 2 月 1 日、2006 年 3 月 1 日或 2006 年 4 月 1 日的记录。

所选字段	条件	查询结果
交易日期	DatePart("m"，[销售日期])= 12	交易日期在任意年份的 12 月的记录。
	DatePart("q"，[销售日期])= 1	交易日期在任意年份的第一季度的记录。
	Date( )	交易日期在今天的记录。
	Date( )-1	交易日期在昨天的记录。如果当前日期为 2006 年 2 月 2 日，表示 2006 年 2 月 1 日的记录。
	Date( )+ 1	交易日期在明天的记录。
	DatePart（"ww"，[销售日期]）= DatePart（"ww"，Date（））and Year（[销售日期]）= Year（Date（））	发生在当前星期之内的交易的记录。每个星期从星期日开始，到星期六结束。
	Between Date( )and Date( )-6	交易日期在过去 7 天之内的记录。
	Year([销售日期])= Year(Now( )) And Month（[销售日期]）= Month (Now( ))	交易日期在当前月份记录。
	Year([销售日期])= Year(Date( ))	当前年份记录。如果当前日期为 2006 年 2 月 2 日，则将看到 2006 年的记录。
	<Date( )	交易日期在今天之前的记录。
	>Date( )	交易日期在今天之后的记录。

表 3-1-4 是/否字段的条件

所选字段	条件	结果
是否完成	Yes、True、1 或 -1	已经完成的记录。
	No、False 或 0	没完成的记录。

【试一试】

（1）通过查询向导，从采购订单表、供应商表和员工表中查询每个采购订单的"采购订单 ID""供应商公司名""提交者名字""提交日期"字段，保存查询并命名为"采购单提交信息"。

（2）通过查询设计视图，通过"订单摘要"查询和"客户"表查询客户为"森通"，运费不为 0 的订单信息，包括"订单 ID""客户""订单日期""运费"字段，保存查询并命名为"森通公司有运费订单信息统计"。

（3）自由选择创建查询的方式，从"发票数据"查询中统计每个客户的"发票数量""平均总价""最高总价""最低总价"信息，保存查询并命名为"发票统计"。

【小本子】

任务二 统计每个员工不同状态订单的运费总额

【任务描述】

对数据进行选择查询时，一般一次只能按一个字段进行分类汇总，如按"订单ID"统计每个订单中所有产品的"平均单价"。为了满足实际需求，我们经常会在一次统计中按多个字段进行分类，如按"员工ID"和"状态"两个字段统计每个员工新增和已关闭的订单运费总额，这时可以使用交叉表查询完成相应的查询操作。

【做一做】

使用交叉表查询从"罗斯文"数据库中查询统计每个员工不同状态订单的运费总额，并将创建的查询命名为"交叉表查询-每个员工不同状态订单的运费总额"。

本次查询需要按照"员工ID"和"状态"字段分组，使用"员工ID"作为行标题，"状态"作为列标题，"运费"作为值，步骤如下。

(1)打开"罗斯文"数据库，在"创建"选项卡"查询"组中选择"查询设计"命令，打开查询设计视图，并弹出"显示表"对话框。

(2)在"显示表"对话框中选择"查询"选项卡，通过双击的方法将"订单摘要"查询添加到查询设计视图的对象列表区中，单击"关闭"按钮。

(3)通过双击字段名的方式，依次将"员工ID""状态""运费"字段添加到字段行的第1~3列中，如图3-2-1所示。

(4)在"设计"选项卡"查询类型"组中选择"交叉表"命令，设置当前查询类型为"交叉表查询"，如图3-2-2所示。

(5)在查询设计视图中的"交叉表"行中，设置"员工ID"为"行标题"，"状态"为"列标题"，"运费"为"值"。在"总计"行中，"员工ID"和"状态"保持默认值，即"Group By"，设置"运费"的总计为"合计"，如图3-2-3所示。

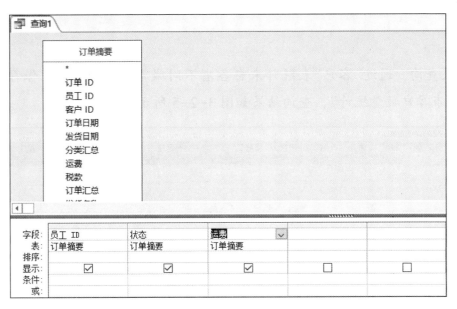

图 3-2-1　添加字段

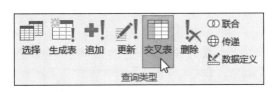

图 3-2-2　设置查询类型为“交叉表查询”

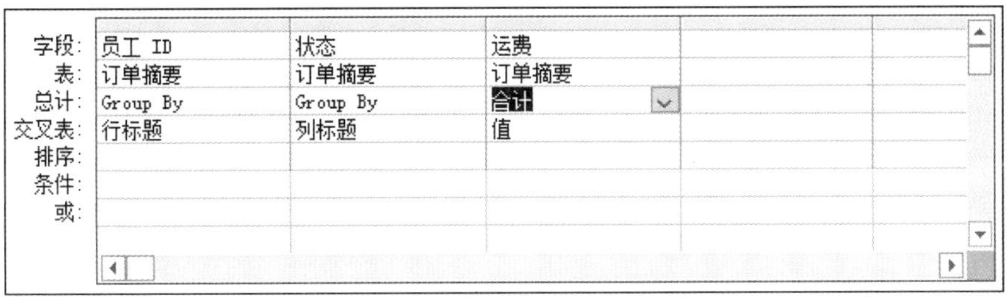

图 3-2-3　设置交叉表查询各参数

（6）单击快速访问工具栏上的“保存”按钮，在弹出的“另存为”对话框中输入查询名称“交叉表查询-每个员工不同状态订单的运费总额”，单击“确定”按钮即可。

（7）单击“设计”选项卡“结果”组中的“运行”按钮，交叉表查询结果如图 3-2-4 所示。

交叉表查询-每个员工不同状态订单的运费总额

员工	新增	已发货	已关闭
张 颖	¥0.00	¥0.00	¥480.00
王 伟	¥0.00		¥0.00
李 芳	¥12.00		¥22.00
郑 建杰	¥5.00		¥137.00
孙 林			¥700.00
金 士鹏			¥200.00
刘 英玫	¥12.00		¥12.00
张 雪眉	¥214.00		¥344.00

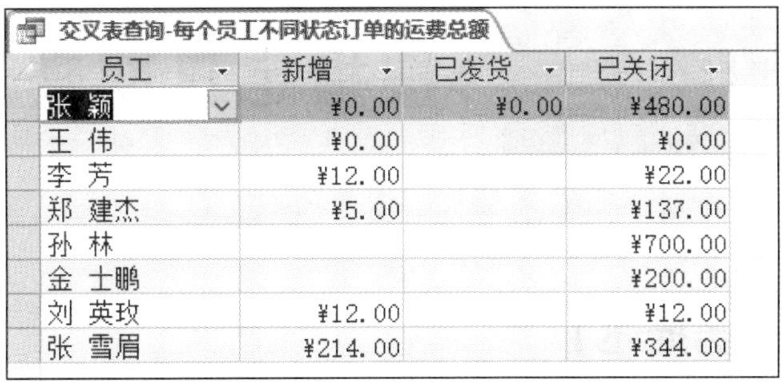

图 3-2-4　交叉表查询结果

【学一学】

交叉表查询可以“重构”汇总数据，使其更容易阅读和理解，它实际按行标题和列标题对数据进行分组，对值进行统计，即按两组值对结果进行分组：一组值垂直分布在数据表的一侧，而另一组值水平分布在数据表的顶端。行标题可以有多个字段，列标题只能有一个字段。

【试一试】

使用交叉表查询，通过"客户"表统计来自各省不同城市客户的数量，保存该查询并命名为"各省不同城市客户数量统计"，查询结果如图 3-2-5 所示。

省/市/自治区	常州	大连	海口	南京	秦皇岛	深圳	石家庄	天津	西安	厦门	重庆
福建										1	
广东						5					
海南			1								
河北					1		2				
江苏	2			4							
辽宁		3									
陕西									1		
天津								7			
重庆											2

图 3-2-5　查询结果

提个醒

进行"计数"汇总查询时，计数列没有特别的规定，通常选择一个必填列即可（主键列、字段类型为"自动编号"的列等）。

【小本子】

任务三　按指定日期查询订单信息

【任务描述】

在实际工作中，我们经常需要查询某一个指定日期的订单信息，而日期是在查询运行时通过对话框输入的。在 Access 中，通过参数查询可以实现这一功能。

【做一做】

从"罗斯文"数据库中按"订单日期"列查询指定日期的订单信息，并将创建的查询命名为"参数查询-按指定日期查询订单信息"。

本次查询的特点是在查询运行时，先弹出对话框，用户在对话框中输入一个日期，再查询在这个日期里创建的订单信息，步骤如下。

(1) 打开“罗斯文”数据库，在“创建”选项卡中的“查询”命令组中选择“查询设计”命令，打开查询设计视图，并弹出“显示表”对话框。

(2) 在“显示表”对话框中通过双击表名的方法将“订单”和“订单明细”表添加到查询设计视图的对象列表区中，单击“关闭”按钮，如图 3-3-1 所示。

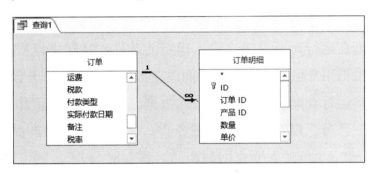

图 3-3-1　添加表到对象列表区

(3) 通过双击字段名的方式，依次将订单表中的“订单 ID”“订单日期”“发货地址”“运费”4 个字段和订单明细表中的“单价”“数量”两个字段添加到字段行的第 1~6 列中。

(4) 设置“订单日期”字段的条件行为“［请输入订单日期:］”，如图 3-3-2 所示。

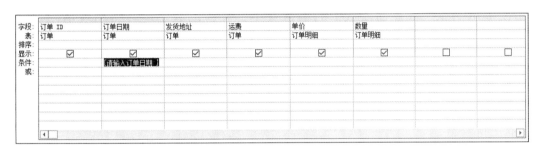

图 3-3-2　设置参数查询条件

(5) 单击快速访问工具栏上的“保存”按钮，在弹出的“另存为”对话框中输入查询名称“参数查询-按指定日期查询订单信息”，单击“确定”按钮。

(6) 单击“设计”选项卡“结果”组中的“运行”按钮，弹出“输入参数值”对话框，如图 3-3-3 所示，输入“2006-3-24”，单击“确定”按钮，参数查询结果如图 3-3-4 所示。

图 3-3-3　“输入参数值”对话框

订单 ID	订单日期	发货地址	运费	单价	数量
40	2006/3/24	曙光路东区 4	¥9.00	¥2.99	200
41	2006/3/24	东城区和平里	¥0.00	¥46.00	300
42	2006/3/24	金陵大街 54	¥0.00	¥25.00	10
42	2006/3/24	金陵大街 54	¥0.00	¥22.00	10
42	2006/3/24	金陵大街 54	¥0.00	¥9.20	10
43	2006/3/24	富成路 476	¥0.00	¥3.50	20
43	2006/3/24	富成路 476	¥0.00	¥2.99	50
44	2006/3/24	花园区花园路	¥0.00	¥18.00	25
44	2006/3/24	花园区花园路	¥0.00	¥46.00	25
44	2006/3/24	花园区花园路	¥0.00	¥2.99	25
(新建)					

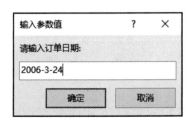

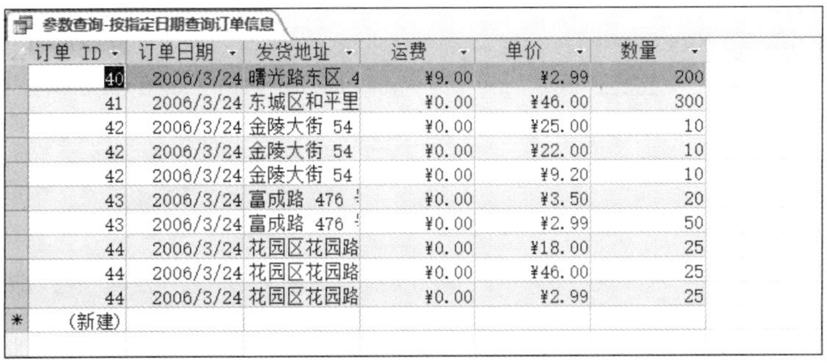

图 3-3-4　参数查询结果

> **提个醒**
>
> 　　参数查询中所涉及的参数都要用中括号"[ ]"括起来，中括号中的内容不能和字段名相同。

【学一学】

　　参数查询可使查询在运行时要求用户输入指定的条件，这样可以根据用户输入的内容进行查询，查询条件将根据用户输入内容的不同而改变，不需要用户打开设计视图修改条件。

　　参数：参数是用户运行查询时提示用户输入数据，使用输入的值作为条件。参数可单独使用或作为表达式的一部分，以在查询中形成条件。例如：在查询产品信息，设置"产品名称"列的条件为"like" * "&[请输入要查询的产品名称]&" * ""，则可以查询"产品名称"中包含用户所输入内容的产品信息，如：输入"油"，则可以得到"麻油""酱油""煤油灯""油条"等产品信息。

　　指定参数数据类型：用户可以设置参数的数据类型，以便只接受某一类型的数据。它在指定数字、货币或日期/时间数据的数据类型时非常有用，因为如果输入错误的数据类型，查询会返回错误提示消息，如在需要数值时输入文本，相应的数学运算将出现错误。

> **提个醒**
>
> 　　如果将参数数据类型设置成"文本"，则输入的任何内容都将被解释为文本，并且不会显示任何错误消息。

　　为参数设置数据类型的方法如下。

　　(1)在设计视图中打开查询，在"设计"选项卡"显示/隐藏"组中单击"参数"命令。

　　(2)在"查询参数"对话框中的"参数"列中，输入要为其指定数据类型的每个参数的提示。

　　(3)在"数据类型"列中，选择每个参数的数据类型，单击"确定"按钮即可，如图5-3-5所示。

图5-3-5　设置参数数据类型

　　参数与通配符组合：与普通条件一样，我们可以将参数与like关键字和通配符组合在一起以匹配更广泛的项目，如"like" * "&[请输入要查询的产品名称]&" * ""。

提个醒

确保每个参数都与查询设计网格的"条件"行中使用的提示信息一致(不包含条件表达式)。

【试一试】

(1)利用参数查询,在"发票数据"查询中查询指定"发货城市"的发票信息,包括"客户名称""销售""发货城市""总价""产品名称"信息,保存并命名为"参数查询–指定发货城市的发票信息"。

(2)利用参数查询,在"订单明细"和"产品"表中查询"数量"大于200,并且"单价"大于或等于10元的订单的"订单ID""产品名称""数量""单价"信息,

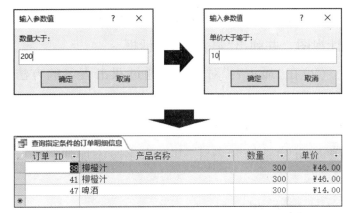

图3-3-6 参数查询结果

保存并命名为"查询指定条件的订单明细信息",设置"数量"参数数据类型为"整型","单价"参数数据类型为"货币",结果如图3-3-6所示。

【小本子】

任务四 ▶ 操作表中数据

【任务描述】

操作查询包括生成表查询、删除查询、更新查询和追加查询,通过这些查询,可以对表中数据进行复制生成新表、删除、修改、追加到其他表等操作。

在本任务中,我们会将查询到的结果生成一个新表,并将不需要的数据删除或修改,还将把查询出来的数据追加到另外一个表的末尾。

【做一做】

1. 通过生成表查询生成"河北地区客户表"

从"罗斯文"数据库中的"客户"表中，查询"省/市/自治区"为"河北"的客户的"ID""公司""姓名""职务""业务电话""省/市/自治区""城市""地址""备注"信息，并将创建的查询命名为"生成表查询-河北地区客户表"。查询运行时，将把查询出的结果生成新表"河北地区客户表"，步骤如下。

（1）打开"罗斯文"数据库，在"创建"选项卡"查询"组中选择"查询设计"命令，打开查询设计视图，并弹出"显示表"对话框。

（2）在"显示表"对话框中通过双击表名的方法将"客户"表添加到查询设计视图的对象列表区中，单击"关闭"按钮。

（3）通过双击字段名的方式，依次将"ID""公司""姓名""职务""业务电话""省/市/自治区""城市""地址""备注"共9个字段添加到字段行的第1~9列中。

> **提个醒**
>
> 姓名字段由"姓氏"和"名字"字段通过字符串连接形成，在"字段"行中输入"姓名：[姓氏] & [名字]"，如图3-4-1所示。

图 3-4-1　添加要查询的字段到设计网格区

（4）设置"省/市/自治区"字段的"条件"行为"河北"，如图3-4-2所示。

图 3-4-2　设置条件

（5）选择"设计"选项卡"查询类型"组中的"生成表"命令，在弹出的"生成表"对话框中输入表名称"河北地区客户表"，选择"当前数据库"单选按钮，单击"确定"按钮，图3-4-3所示。

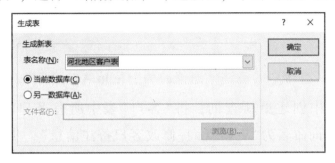

图3-4-3 设置生成表查询参数

（6）单击快速访问工具栏上的"保存"按钮 ■，在弹出的"另存为"对话框中输入查询名称"生成表查询-河北地区客户表"，单击"确定"按钮即可。

（7）单击"设计"选项卡"结果"组中的"运行"按钮，在弹出的提示对话框中单击"是"按钮，系统会自动将查询结果保存为新表"河北地区客户表"，如图3-4-4所示。

ID	公司	姓名	职务	业务电话	省/市/自治	城市	地址	备注
6	坦森行贸易	王炫皓	物主	(0321) 5553	河北	石家庄	黄台北路 78(	
23	嘉业	刘先生	助理销售代理	(0321) 2016	河北	石家庄	经三纬二路 8	
25	友恒信托	余小姐	市场经理	(089) 38773	河北	秦皇岛	经二路 9 号	
*	(新建)							

图3-4-4 河北地区客户表

2. 通过删除查询删除上一步生成的"河北地区客户表"中城市为"秦皇岛"的客户信息

创建查询将城市为"秦皇岛"的客户信息从"河北地区客户表"中删除，并将创建的查询命名为"删除查询-删除秦皇岛客户"，步骤如下。

（1）打开"罗斯文"数据库，在"创建"选项卡"查询"组中选择"查询设计"命令，打开查询设计视图，并弹出"显示表"对话框。

（2）在"显示表"对话框中通过双击表名的方法将"河北地区客户表"添加到查询设计视图的对象列表区中，单击"关闭"按钮。

（3）通过双击字段名的方式，将"城市"字段添加到"字段"行的第1列中。

（4）选择"设计"选项卡"查询类型"组中的"删除"命令，设置"城市"字段的"条件"行为"秦皇岛"，如图3-4-5所示。

（5）单击快速访问工具栏上的"保存"按钮■，在弹出的"另存为"对话框中输入查询名称"删除查询-删除秦皇岛客户"，单击"确定"按钮即可。

图3-4-5 设置删除查询条件

（6）单击"设计"选项卡"结果"组中的"运行"按钮，系统会将"河北地区客户表"中满足条件的记录删除。

提个醒

删除查询执行的是物理删除，记录被删除后将无法恢复。

3. 通过更新查询将所有客户的备注信息修改为"Hello Access"

在"罗斯文"数据库中创建更新查询，将"客户"表中所有客户的"备注"修改为"Hello Access"，并将创建的查询命名为"更新查询-修改客户备注信息"，步骤如下。

（1）打开"罗斯文"数据库，在"创建"选项卡"查询"组中选择"查询设计"命令，打开查询设计视图，并弹出"显示表"对话框。

（2）在"显示表"对话框中通过双击表名的方法将"客户"表添加到查询设计视图的对象列表区中，单击"关闭"按钮。

（3）通过双击字段名的方式，将"备注"字段添加到"字段"行的第1列中。

（4）选择"设计"选项卡"查询类型"组中的"更新"命令，设置"备注"的"更新到"行为"Hello Access"，如图3-4-6所示。

（5）单击快速访问工具栏上的"保存"按钮▣，在弹出的"另存为"对话框中输入查询名称"更新查询-修改客户备注信息"，单击"确定"按钮。

（6）单击"设计"选项卡"结果"组中的"运行"按钮，系统会将"客户"表中所有客户的备注修改成"Hello Access"，如图3-4-7所示。

图3-4-6 设置更新查询参数   图3-4-7 修改备注后的客户信息

提个醒

对于删除查询和更新查询，如果给定删除或更新条件，将删除或更新满足条件的记录，如果不给定任何条件，将删除或更新表中的所有记录。

4. 通过追加查询将来自天津的客户信息追加到"河北地区客户表"中

从"罗斯文"数据库中的"客户"表中，创建追加查询，将"省/市/自治区"为"天津"的客户信息追加到前面创建的"河北地区客户表"中，并将创建的查询命名为"追加查询-把来自天津

的客户信息追加到河北地区客户表"，步骤如下。

（1）打开"罗斯文"数据库，在"创建"选项卡"查询"组中选择"查询设计"命令，打开查询设计视图，并弹出"显示表"对话框。

（2）在"显示表"对话框中通过双击表名的方法将"客户"表添加到查询设计视图的对象列表区中，单击"关闭"按钮。

（3）通过双击字段名的方式，依次将"ID""公司""姓名""职务""业务电话""省/市/自治区""城市""地址""备注"字段添加到"字段"行的第1~9列中。

提个醒

"姓名"字段参考本任务案例一中对应字段的设置方法。

（4）选择"设计"选项卡"查询类型"组中的"追加"命令，在弹出的"追加"对话框中的"表名称"下拉列表框中选择"河北地区客户表"，存放位置选择"当前数据库"单选按钮，单击"确定"按钮，所图3-4-8所示。

（5）设置"省/市/自治区"字段的"条件"行为"天津"，如图3-4-9所示。

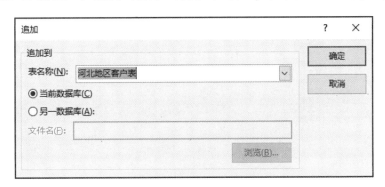

图3-4-8 设置追加查询参数

图3-4-9 设置查询条件

（6）单击快速访问工具栏上的"保存"按钮🖫，在弹出的"另存为"对话框中输入查询名称"追加查询-把来自天津的客户信息追加到河北地区客户表"，单击"确定"按钮即可。

（7）单击"设计"选项卡"结果"组中的"运行"按钮，系统将"客户"表中满足条件的记录追加到"河北地区客户表"中，追加查询前后的"河北地区客户表"如图3-4-10所示。

图 3-4-10　追加查询前和追加查询后的"河北地区客户表"

5. 通过查阅向导修改"河北地区客户表"中"公司"字段类型

修改"罗斯文"数据库中"河北地区客户表"中的"公司"字段类型为"查阅向导"，在查询向导中将"客户"表中的"公司"字段作为选定字段，并将创建的查询命名为"查阅-修改公司字段类型"，步骤如下：

（1）打开"罗斯文"数据库，双击打开前面创建的"河北地区客户表"，在"开始"选项卡"视图"组中选择"设计视图"命令，进入表的设计视图，如图 3-4-11 所示。

图 3-4-11　进入"河北地区客户表"的设计视图

（2）在"公司"字段的"数据类型"单元格中选择"查阅向导"，打开"查阅向导"对话框，选择"使用查阅字段获取其他表或查询中的值"单选按钮，单击"下一步"按钮。

（3）选择"表：客户"，单击"下一步"按钮，双击"可用字段"列表框中的"公司"字段，将该字段添加到"选定字段"列表框中，如图 3-4-12 所示，单击"下一步"按钮。

（4）选择"公司"字段作为排序字段，排序方式为"升序"，单击"下一步"按钮。选中"隐藏键列"复选框，单击"下一步"按钮。保值默认值和选项，单击"完成"按钮，系统会根据实际情况给出多个提示，全部单击"是"按钮即可，此时"公司"字段的数据类型会自动变为"数字"，如图 3-4-13 所示。

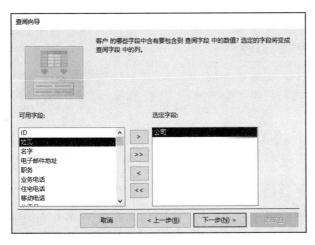

图 3-4-12 将"公司"字段添加到"选定字段"列表框中

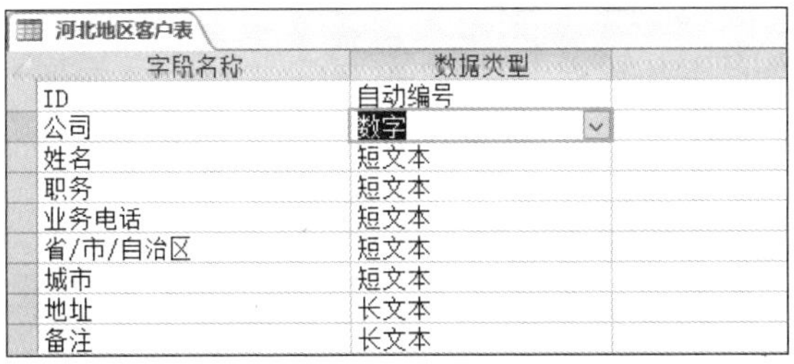

图 3-4-13 "公司"字段类型修改完成

（5）在"开始"选项卡"视图"组中选择"数据表视图"命令，进入数据表视图，此时发现所有客户的"公司"字段内容都已经没有了，需要根据实际情况，通过点击"公司"列单元格，从弹出的下拉列表中选择客户所对应的公司，如图 3-4-14 所示。

图 3-4-14 选择客户对应的公司

（6）在"开始"选项卡"视图"组中选择"设计视图"命令，进入表的设计视图，选择"公司"字段，单击设计视图字段属性的"查阅"选项卡，单击"行来源"，单击单元格右侧的▥按钮，打开查询生成器，将"公司"字段的排序方式由"升序"修改为"降序"，如图 3-4-15 所示。

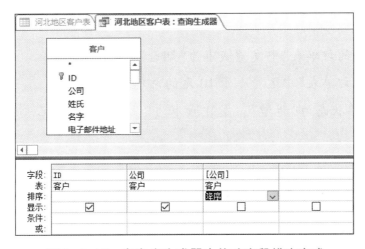

图 3-4-15 在查询生成器中修改字段排序方式

(7)在"设计"选项卡"关闭"组中选择"关闭"命令，返回表的设计视图，单击快速访问工具栏上的"保存"按钮■，完成"河北地区客户表"的修改。

提个醒

修改"查阅"选项卡中的"行来源"时打开的查询生成器与通过"查询设计"命令创建查询时打开的查询设计视图在功能上基本一样，其功能是将查询结果提供给某一字段，作为该字段的可选择项，而该字段实际上存储的是选项所对应的"键"值，因此上面的操作步骤中"公司"字段最终的数据类型被系统自动设置成了"数字"类型，而在数据表视图中，"公司"列实际上显示的是公司名称，即文本类型。

【学一学】

追加查询就是将查询的结果追加到另外一个表中，可以让相关内容集中显示在一个表里，从而方便对数据进行后续操作。

在 Access 数据库中运行追加查询时，可能会收到这样一条错误消息："Microsoft Access 不能在追加查询中追加所有记录"。此错误消息可能由以下原因之一引起。

(1)类型转换失败：可能试图将一种类型的数据追加到另一种类型的字段。例如，将文本追加到数据类型为"数字"的字段。

(2)键冲突：可能试图将重复数据追加到创建有主键或唯一索引的一个或多个字段中。

(3)锁定冲突：如果目标表在设计视图中打开或由网络上另一个用户打开，这可能导致记录锁定，致使查询无法追加记录。确保所有其他人关闭数据库可解决此问题。

(4)验证规则冲突：追加的数据不符合目标表的有效性规则等。

【试一试】

1. 利用生成表查询，从订单表中查询已经关闭的订单的所有信息，并生成新表"已经关闭的订单表"。

2. 删除"已经关闭的订单表"中发货城市为"烟台"的订单记录。

3. 将"已经关闭的订单表"中运费小于 10 元的订单运费加 10。

4. 将订单表中订单状态为"新增"，发货城市为"北京"的订单记录追加到"已经关闭的订单表"中。

【小本子】

PROJECT 4 项目 ④

打印数据信息

在很多情况下，一个数据库系统的操作结果是要打印输出的，也就是把数据信息打印输出。报表是 Access 2021 数据库中的一个对象，主要用于设置数据的显示和打印格式，在报表中可以对数据库中的数据进行分组、计算、排序、汇总，然后把结果显示出来或打印出来。

本项目将带领大家完成报表的基本知识和基本技能的学习与实训。通过本项目的学习，将实现如下目标。

(1) 了解报表布局，理解报表的概念和功能。

(2) 掌握创建报表的方法。

(3) 掌握报表的设计和打印。

任务一 打印产品销售信息

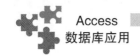

【任务描述】

如果对格式要求不高，只需要看到报表中的数据，则可以使用 Access 2021 提供的自动创建报表功能，快速创建一个简单的报表，然后打印输出。

【做一做】

需求：利用自动创建报表功能，以“按类别产品销售”查询为数据源，快速创建一个报表，以表格形式显示出数据库系统中的产品销售信息。通过“Backstage 视图”中的“快速打印”按钮打印输出“打印产品销售信息”报表。完成效果如图 4-1-1 所示。

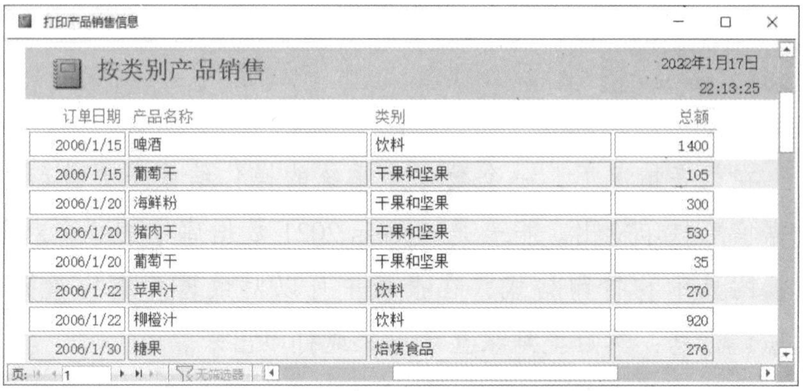

打印产品销售信息
按类别产品销售
2022年1月17日
22:13:25
订单日期 产品名称 类别 总额
2006/1/15 啤酒 饮料 1400
2006/1/15 葡萄干 干果和坚果 105
2006/1/20 海鲜粉 干果和坚果 300
2006/1/20 猪肉干 干果和坚果 530
2006/1/20 葡萄干 干果和坚果 35
2006/1/22 苹果汁 饮料 270
2006/1/22 柳橙汁 饮料 920
2006/1/30 糖果 焙烤食品 276

图 4-1-1 “打印产品销售信息”报表

分析：本任务中涉及的主要问题和解决方法如下。

（1）打开数据库，找到数据源“按类别产品销售”查询。

（2）在功能区找到“报表”按钮。

（3）创建并保存报表。

（4）打印输出。

操作步骤如下。

（1）打开“罗斯文”数据库，在左侧导航窗格的“查询”中，选中“按类别产品销售”查询，如图 4-1-2 所示。

所有 Access 对象
搜索...
表
查询
产品事务
按类别产品销售
按日期产品分类销售
按日期产品销售汇总
按员工和日期产品销售量
采购价格总计
采购摘要
产品采购订单数

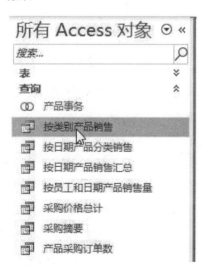

图 4-1-2 选中“按类别产品销售”查询

（2）单击"创建"选项卡"报表"组中的"报表"按钮，如图2-1-3所示，创建报表。

图 4-1-3　创建报表

（3）单击"保存"按钮，弹出"另存为"对话框，输入"打印产品销售信息"，如图4-1-4所示。单击"确定"按钮创建报表并把报表打开，默认是以布局视图打开报表。

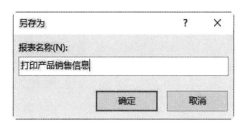

图 4-1-4　"另存为"对话框

（4）单击"报表布局设计"选项卡"视图"组中的"视图"按钮，在其下拉菜单中选择"打印预览"选项，如图4-1-5所示，切换到打印预览视图，如图4-1-1所示。

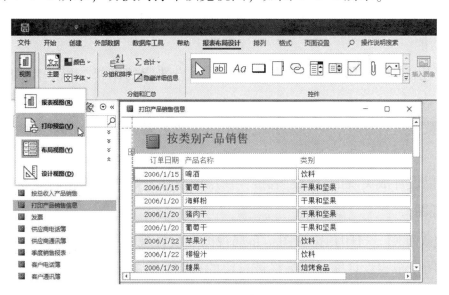

图 4-1-5　报表视图

（5）单击"打印预览"选项卡"打印"组中的"打印"按钮，如图4-1-6所示，完成打印输出。

图 4-1-6　完成打印输出

（6）单击"打印预览"选项卡"关闭预览"组中的"关闭打印预览"按钮，如图4-1-7所示，关闭打印预览视图。

图 4-1-7　关闭打印预览视图

提个醒

自动创建报表只能基于一个表或查询，并自动输出给定表或查询中的所有字段和记录。当打印输出多个数据表数据时，要先生成多表查询，再建立报表。

【学一学】

1. 报表概述

在 Access 2021 中有多种制作报表的方式，可以单击"创建"选项卡"报表"组中的"报表""报表设计""空报表""报表向导""标签"等按钮进行操作。使用这些方式能够快速完成设计并打印报表。制作满足要求的专业报表的最好方式是使用报表设计视图。报表既可以用来显示数据，又可以打印输出，但报表中的数据只能浏览而不能修改。

2. 报表的功能

报表的主要功能就是将数据库中的数据按照用户选定的结果，以一定的格式打印输出。具体如下。

(1)对大量数据进行比较、小计、分组和汇总，或者对记录进行统计分析，最终把结果打印输出。

(2)报表可以设计成美观的目录、表格、使用的发票、购物订单和标签等形式。

3. 报表的视图

报表共有报表视图、打印预览视图、布局视图和设计视图等 4 种视图。

(1)报表视图是报表设计完成后最终被打印的视图。在报表视图中可以对报表应用高级筛选，筛选出所需要的信息。

(2)打印预览视图可以查看将来打印到纸上的每一页数据，也可以查看报表的版面设置。

(3)布局视图可以在显示数据的情况下调整报表设计，可以按数据宽度调整列宽、将列重新排列、添加分组级别和汇总。

(4)设计视图是使用最广泛、最灵活的，可以根据需求创建报表或修改现有的报表。

4. 报表的类型

按照报表的结构可以把报表分为如下几种类型。

(1)表格式报表：以行和列的形式布局数据，通常一行是一条记录，一个字段占一列，采用这种形式可以对数据分组，并对分组中的数据进行计算和统计。

（2）纵栏式报表：以垂直方式显示数据，通常一行显示一个或几个字段值，一页显示一条记录。

（3）标签报表：每条记录可以在多行多列上显示，一页纸可以分成多块打印记录。可以设计实现超市商品价签、公司职员名片等。

【试一试】

（1）以"订单状态"表为数据源，用报表工具快速创建"订单状态信息"报表。

（2）在报表的任意空白处右击，在弹出的快捷菜单中选择不同的视图模式，如图4-1-8所示，查看报表的显示情况，并认真观察不同点。掌握不同视图模式的切换方法。

图4-1-8　报表快捷菜单

【小本子】

以报表基本知识为关键词，从报表的功能、报表的视图及报表的类型等几个方面，对报表的基本知识做归纳总结，并画出思维导图。

_____

_____

任务二　打印订单信息

【任务描述】

使用报表工具创建的报表，是一种标准化样式的报表。虽然快捷，但是存在不足之处，尤其是不能选择出现在报表中的数据源字段。报表向导则提供了创建报表时选择字段的自由，除此之外，还可以指定数据的分组和排序方式及报表的布局样式。

利用报表向导，用户只需回答一系列创建报表的问题，报表向导最终会按照用户选择的布局和格式创建报表。本任务就是利用报表向导创建"订单信息报表"，并按"订单ID"进行汇总，然后打印输出。

【做一做】

需求：利用报表向导，以多个表联合为数据源，创建一个报表，以表格形式显示每个订

单的"订单ID""发货名称""发货城市""ID""产品名称""数量"及数量汇总等信息,并通过简单页面设置打印输出该报表。完成效果如图4-2-1所示。

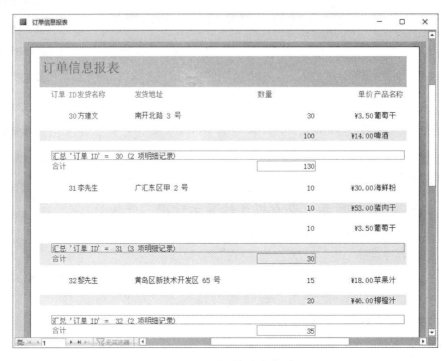

图4-2-1　订单信息报表

分析:本任务中涉及的主要问题和解决方法如下。

(1)由于报表显示的字段信息分别来自多个表,所以数据源要从多个表查找。

(2)在功能区找到"报表向导"按钮。

(3)分别找到"订单"表、"订单明细"表、"产品"表等不同的数据源,并按要求添加所需字段。

(4)完成按订单"数量"汇总等其他设置并保存报表。

(5)进行页面设置,打印输出报表。

实施操作步骤如下。

(1)打开"罗斯文"数据库。

(2)单击"创建"选项卡"报表"组"报表向导"按钮,如图4-2-2所示,打开"报表向导"对话框。

图4-2-2　单击"报表向导"按钮

(3)在"请确定报表上使用哪些字段"界面的"表/查询"下拉列表框中选择"订单"表,在"可用字段"列表框中列出订单表所有字段,选择"订单ID",单击 > 按钮,把"订单ID"字段从"可用字段"列表框移动到"选定字段"列表框,再把"发货名称""发货城市"字段移动到"选定字段"列表框中；在"表/查询"下拉列表框中选择"订单明细"表，向"选定字段"列表框中添加"单价""数量"字段；在"表/查询"下拉列表框中选择"产品"表，向"选定字段"列表框中添加"产品名称"字段，如图 4-2-3 所示。

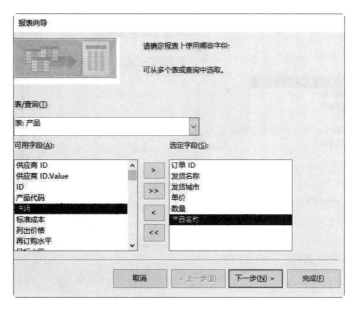

图 4-2-3 "请确定报表上使用那些字段"界面

提个醒

当报表数据源来源于多个表时，表与表之间要有关联关系，如果没有要先创建关系，否则会出现错误提示。

（4）单击"下一步"按钮，打开"请确定查看数据的方式"界面，默认按订单表的信息查看数据，可以通过单击左侧列表框中的其他选项，改变查看数据方式。这里按默认方式，如图 4-2-4 所示。

图 4-2-4 "请确定查看数据的方式"界面

(5)单击"下一步"按钮,打开"是否添加分组级别"界面,这里不再分组,使用默认设置,如图4-2-5所示。

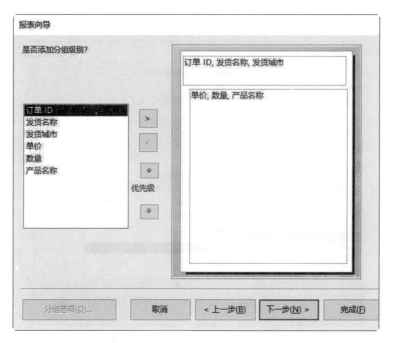

图4-2-5 "是否添加分组级别"界面

(6)单击"下一步"按钮,打开"请确定明细信息使用的排序次序和汇总信息"界面。选择按"数量"升序排序,如图4-2-6所示。单击"汇总选项"按钮,打开"汇总选项"对话框,选定"汇总"下的"数量"复选框,汇总数量总值,选择"明细和汇总"单选按钮,如图4-2-7所示。单击"确定"按钮,返回"请确定明细信息使用的排序次序和汇总信息"对话框。

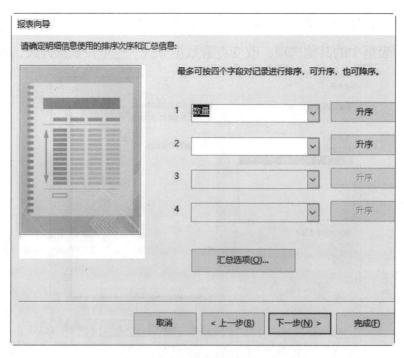

图4-2-6 "请确定明细信息使用的排序次序和汇总信息"界面

(7)单击"下一步"按钮，打开"请确定报表的布局方式"界面，在"布局"单选按钮组中选择"块"单选按钮，在"方向"单选按钮组中选择"纵向"单选按钮，如图4-2-8所示。

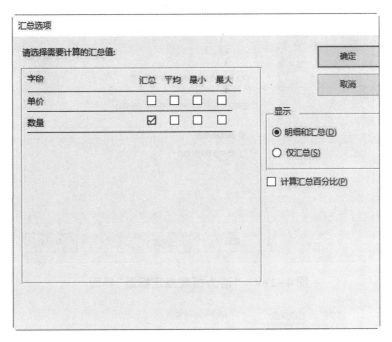

图4-2-7　"汇总选项"对话框

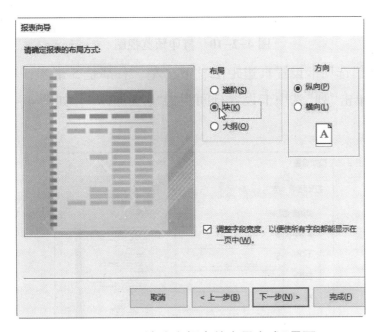

图4-2-8　"请确定报表的布局方式"界面

(8)单击"下一步"按钮，打开"请为报表指定标题"界面，在文本框输入"订单信息报表"，选择"预览报表"单选按钮，如图4-2-9所示，最后单击"完成"按钮，报表创建完成。

(9)在"报表视图"中，右击报表的空白处，选择快捷菜单中的"打印预览"选项，进入打印预览视图，单击"打印预览"选项卡"页面布局"选项卡"页面设置"按钮，如图4-2-10所示，打开"页面设置"对话框。

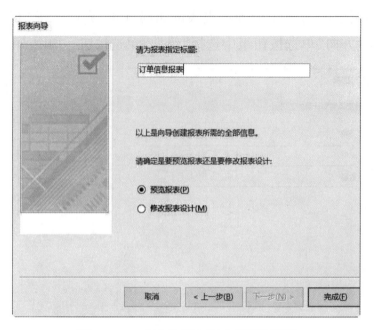

图 4-2-9　"请为报表指定标题"界面

图 4-2-10　打印预览视图

（10）在"打印选项"选项卡设置页边距上、下、左、右都是 5 毫米，单击"页"选项卡设置打印方向为"横向"，单击"列"选项卡设置行间距为"0.5 厘米"，如图 4-2-11 所示，单击"确定"按钮完成页面设置。

图 4-2-11　"页面设置"对话框

（11）单击"打印预览"选项卡"打印"组中的"打印"按钮，完成打印输出。

【学一学】

1. 报表向导

报表向导为用户提供了报表的基本布局，用户根据不同的需要可以进一步对报表进行修改。利用报表向导可以使报表创建变得更容易。具体操作步骤及对话框主要功能如下。

（1）单击"创建"-"报表"-"报表向导"按钮，打开"报表向导"对话框界面之一。在该界面中，通过"表/查询"下拉列表框选择表或查询等所需要的数据源，通过移动按钮把需要用到的字段从"可用字段"列表框移动到"选定字段"列表框中。

（2）单击"下一步"按钮，打开"报表向导"对话框界面之二。在此界面中，选择排序次序和汇总数据。可以按升序或降序对记录进行排序，数字型和日期时间型按照大小排序，文本字段按照值的 ASCII 码进行排序；汇总选项可以对数字类型字段进行汇总、平均值、最大值和最小值等统计计算。

提个醒

排序可以以一个或多个字段作为排序依据（最多可以使用 4 个字段），且按顺序依次排序，即：当第一排序字段数值相同时按第二排序字段排序，依次类推。

（3）单击"下一步"，打开"报表向导"对话框界面之三。此界面用来确定报表的布局和方向，其中布局有"纵栏表""表格""两端对齐"，方向有"纵向"和"横向"。

（4）单击"下一步"，打开"报表向导"对话框界面之四。此界面主要用来设置报表的名称，以及设置完成后是预览报表还是对报表做进一步的修改。如果预览后对报表不满意，我们可以利用"上一步"按钮返回到相应的步骤进行修改，或者在最后一个界面选择"修改报表设计"单选按钮打开报表设计视图，做进一步的修改（后面任务将学习该方法）。

2. 页面设置

创建报表的目的是把数据打印输出到纸张上，因此设置纸张大小和页面布局是必不可少的工作。为了提高工作效率，最好在报表创建之前进行设置。Access 2021 中报表的纸张大小和页面布局都有默认值。其纸张默认是 A4 纸。页边距除了 3 种规定的格式之外，还允许自定义。对于数据列比较少且要求不复杂的报表，采用默认的页面设置、默认的纸张大小即可，但是对于数据列比较多，或者要求比较复杂的报表，则需要开发人员进行详细的设置。

页面设置通常是在"页面设置"选项卡中进行，此外也可以在"打印预览"选项卡中进行，例如本任务的实现。下面重点介绍一下在"页面设置"选项卡中进行页面设置的操作。报表页面设置主要包括设置纸张大小、页边距、打印方向等。主要步骤如下。

（1）在导航窗格中，单击需要进行页面设置的报表。

（2）切换视图模式为布局视图，单击"页面设置"选项卡，如图4-2-12所示。

图4-2-12　报表布局视图

（3）单击"页面设置"选项卡"页面大小"组中的"纸张大小"按钮，打开"纸张大小"下拉菜单，其中共列出23种纸张。用户可以从中选择合适的纸张，如图4-2-13所示。

（4）单击"页面设置"选项卡"页面大小"组中的"页边距"按钮，打开"页边距"下拉菜单，根据需要选择一种页边距，即可完成页边距的设置，如图4-2-14所示。

（5）在"页面布局"组中，单击"纵向"或"横向"按钮可以设置打印纸的方向，单击"列"按钮，打开"页面设置"对话框中的"列"选项卡，可以设置在打印纸上输出的列数，如图4-2-15所示。

图4-2-13　"纸张大小"下拉菜单

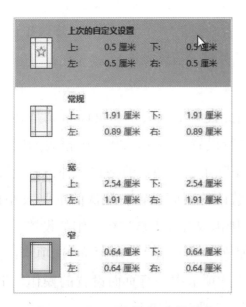

图4-2-14　"页边距"下拉菜单

图4-2-15　"页面设置"对话框"列"选项卡

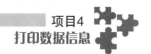

【试一试】

(1)以“产品订单数”为数据源，用报表向导创建“客户供货信息”报表，效果如图 4-2-16 所示。

要求：按“公司名称”分组，按“订单日期”升序排序。

客户供货信息

公司名称	订单日期	订单 ID	发货日期	状态 ID
东南实业	2022/1/14	82	2022/1/19	无
	2022/1/14	82	2022/1/19	无
东旗	2006/2/10	35	2006/2/12	已开票
	2006/4/5	55	2006/4/5	已开票
	2006/6/5	78	2006/6/5	已开票
光明杂志	2006/3/24	43		已分派
	2006/3/24	43		已分派
	2006/5/24	70		已开票
广通	2006/3/24	42	2006/4/7	已开票
	2006/3/24	42	2006/4/7	已开票
	2006/3/24	42	2006/4/7	已开票
	2006/3/24	40	2006/3/24	已开票
	2006/5/24	67	2006/5/24	已开票
	2006/5/24	69		已开票

图 4-2-16 “客户供货信息”报表

(2)以“发票数据”查询为数据源，用报表向导创建“运货商运货费用报表”，如图 4-2-17 所示。

运货商运费报表

急速快递			
	东南实业	82	¥0.00
	东南实业	82	¥0.00
	广通	42	¥0.00
	广通	69	¥0.00
	广通	42	¥0.00
	广通	42	¥0.00
	国顶有限公司	31	¥5.00
	国顶有限公司	58	¥5.00
	国顶有限公司	58	¥5.00
	国顶有限公司	31	¥5.00
	国顶有限公司	31	¥5.00
	祥通	73	¥100.00
	祥通	46	¥100.00
	祥通	46	¥100.00
	友恒信托	50	¥5.00
	友恒信托	76	¥5.00
汇总 '运货商名称' = 急速快递 (16 项明细记录)			
合计			¥335.00
联邦货运			
	光明杂志	43	¥0.00
	光明杂志	43	¥0.00
	光明杂志	70	¥0.00
	国顶有限公司	34	¥4.00

图 4-2-17 运货商运费报表

要求：按“运货商名称”分组，显示运费之和。

【小本子】

以思维导图的模式总结用报表向导创建报表的步骤及"报表向导"对话框的功能。

任务三 打印产品信息

【任务描述】

通过任务一和任务二的学习，我们掌握了简单、格式比较单一报表的快速创建及简单页面设置和打印输出，接下来学习具有独特风格、美观实用的报表的创建及打印，即通过设计视图创建报表。

利用设计视图，我们可以完成对已创建报表的修改，或者直接创建新的报表。本任务就是利用设计视图创建"产品信息报表"，并按"类别"进行分组，在每个小组内部按"标准成本"升序排序，汇总每个小组的标准成本平均值和产品数，美化页面并打印输出。

【做一做】

需求：利用设计视图，以"产品"表为数据源，创建一个报表，以表格形式显示"ID""产品代码""产品名称""单位数量""标准成本""列出价格""类别"等字段信息，并分组、排序、汇总相关信息。通过页面设置和编辑打印输出该报表。完成效果如图4-3-1所示。

分析：本任务中涉及的主要问题和解决方法如下。

（1）分析报表需要的数据源，"产品"表。

（2）在功能区找到"报表设计"按钮。

（3）按要求完成页面设置。

（4）添加所需要的字段。

（5）完成分组、排序及汇总等其他设置，创建并保存报表。

（6）美化编辑报表：插入报表标题、报表日期时间、报表页码等信息，并设置标题字体格式。

（7）打印输出报表。

操作步骤如下。

（1）打开"罗斯文"数据库。

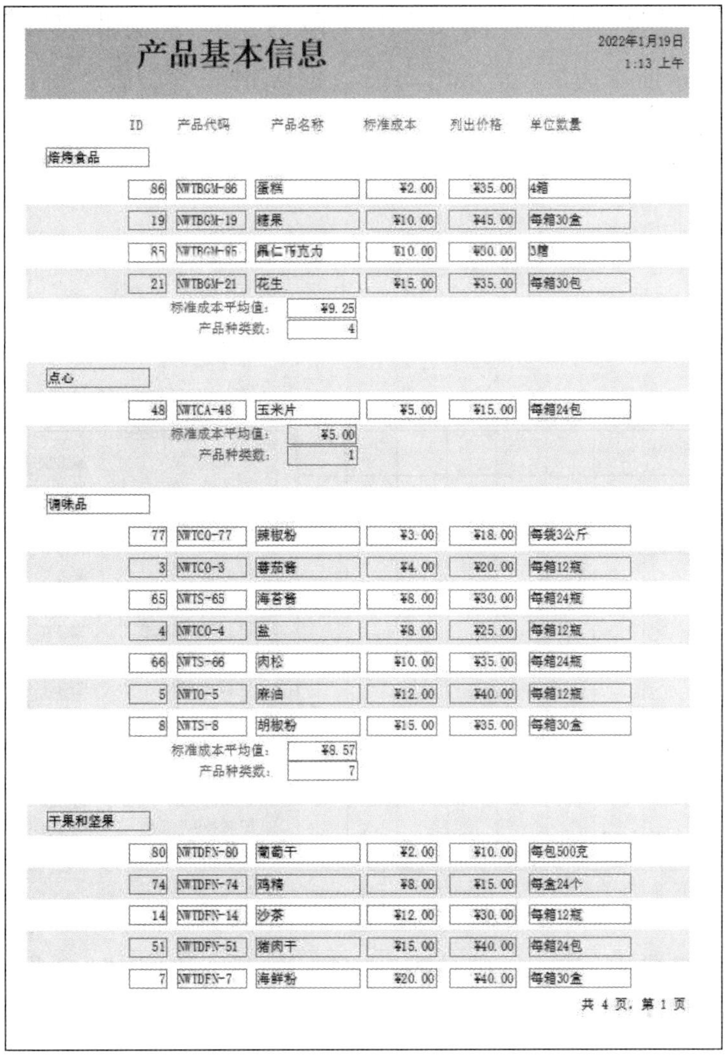

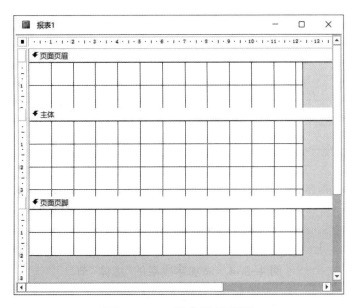

图 4-3-1 产品信息报表

(2)单击"创建"-"报表"-"报表设计"按钮,打开报表设计视图,如图 4-3-2 所示。

图 4-3-2 报表设计视图

（3）单击"报表设计"-"工具"-"添加现有字段"按钮，打开报表"字段列表"窗格，单击"字段列表"窗格的"显示所有表"，显示出当前数据库中的所有表，每个表名前的加号为展开按钮，如图4-3-3所示。

图4-3-3 "字段列表"窗格

（4）在"字段列表"窗格中，单击"产品表"左侧的加号，将"ID""产品代码""产品名称""单位数量""标准成本""列出价格""类别"等字段依次拖曳到"主体"节区中，如图4-3-4所示。

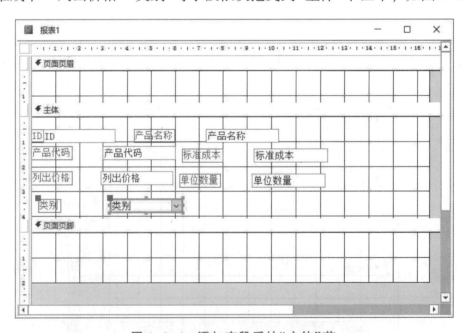

图4-3-4 添加字段后的"主体"节

（5）选中"主体"节区"ID"等附加标签控件，如图4-3-4所示，灰色字体显示的标签，通过"剪切""粘贴"命令，将它们逐一移动到"页面页眉"节区，然后调整各个控件的大小、位置、对齐方式及报表"页面页眉"节区和"主体"节的高度，以合适的尺寸容纳其中的控件，如图 4-3-5 所示。

图 4-3-5　调整后"主体"和"页面页眉"节

提个醒

"剪切"完"主体"节区的附加标签后，先单击"页面页眉"节区中的空白位置，再进行"粘贴"，就会把内容粘贴到"页面页眉"节区。

（6）右击"主体"节区，在弹出的快捷菜单中选择"报表页眉/页脚"命令，添加"报表页眉"节区和"报表页脚"节区，如图 4-3-6 所示。

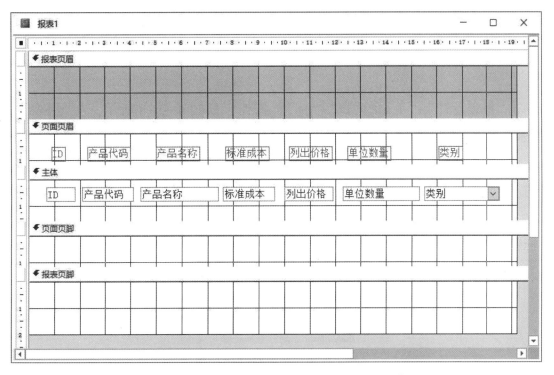

图 4-3-6　添加"报表页眉"和"报表页脚"节

（7）单击"报表设计"－"工具"－"属性表"按钮，打开"属性表"窗格，在下拉列表框中选择"报表页脚"，在"格式"选项卡中设置"高度"的值为2.501，如图4-3-7所示。

图4-3-7　设置报表页眉高度

提个醒

　　我们也可以通过拖曳调整节区的高度。把鼠标指针移动到节区底部边界，当鼠标指针变成上下方向箭头形状时，拖曳鼠标可以调整节区高度。

　　"属性表"窗格打开时，单击"报表设计"－"工具"－"属性表"按钮是关闭"属性表"窗格。

（8）单击"报表设计"－"页眉/页脚"－"标题"按钮，如图4-3-8所示，在"报表页眉"节区添加标题标签控件，输入标题文字"产品基本信息"，单击节区空白位置确认操作，如图4-3-9所示。

（9）打开"属性表"窗格设置标题格式，选取"格式"选项卡，设置"字体名称"为"宋体"，"字号"为"26"，"字体粗细"为"加粗"，"文本对齐"为"居中"；通过设置"上边距"和"左边距"调整标题位置。如图4-3-10所示。

图4-3-8　单击"标题"按钮

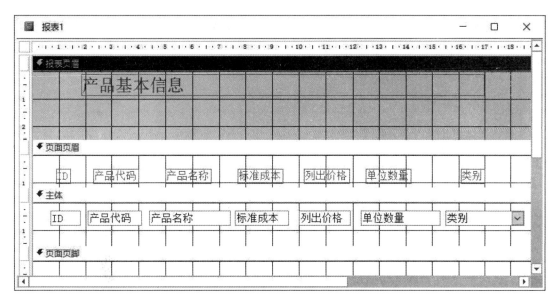

图 4-3-9 "报表页眉"节区的标题标签

（10）单击"报表设计"-"页眉/页脚"-"日期和时间"按钮，打开"日期和时间"对话框，选中"包含日期"复选框，选择第一种格式（2022 年 1 月 19 日）；选中"包含时间"复选框，选择第二种格式（12:09 上午），如图 4-3-11 所示。单击"确定"按钮，在"报表页眉"节区添加日期和时间，如图 4-3-12 所示。

图 4-3-10 设置标题属性

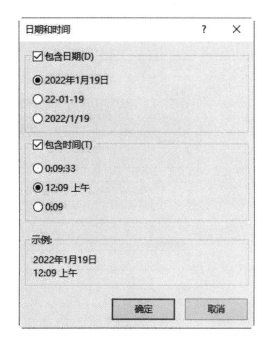

图 4-3-11 "日期和时间"对话框

图 4-3-12　添加日期和时间

（11）单击"报表设计"-"页眉/页脚"-"页码"按钮，打开"页码"对话框，在"格式"单选按钮组选择"第 N 页，共 M 页"单选按钮；在"位置"单选按钮组选择"页面底端（页脚）"单选按钮，在"对齐"下拉列表框中选"右"，如图 4-3-13。单击"确定"按钮，在"页面页脚"节区添加页码，如图 4-3-14 所示。

图 4-3-13　设置页码

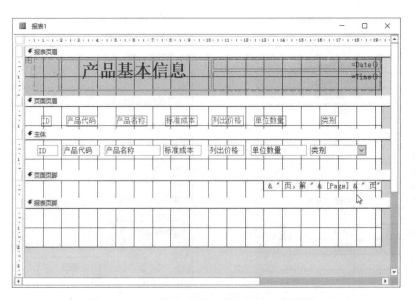

图 4-3-14　添加页码到"页面页脚"节区

（12）单击"报表设计"-"分组和汇总"-"分组和排序"按钮，打开"分组、排序和汇总"窗格，如图 4-3-15 所示。

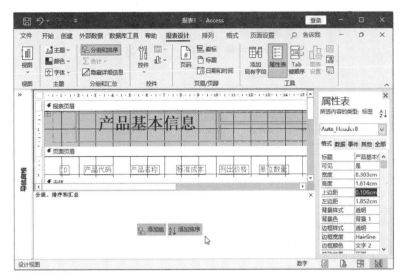

图 4-3-15 "分组、排序和汇总"窗格

（13）单击"分组、排序和汇总"窗格中的"添加组"按钮，在打开的选项列表中选择"类别"；单击"添加排序"按钮，在打开的选项列表中选择"标准成本"和"升序"，如图 4-3-16 所示。

图 4-3-16 添加组和排序

（14）单击"分组形式 类别"右边的"更多"选项，在打开的选项列表中单击"无汇总"选项，弹出"汇总"对话框，设置"汇总方式"为"标准成本"，"类型"为"平均值"，选中"在组页脚中显示小计"复选框，如图 4-3-17 所示。

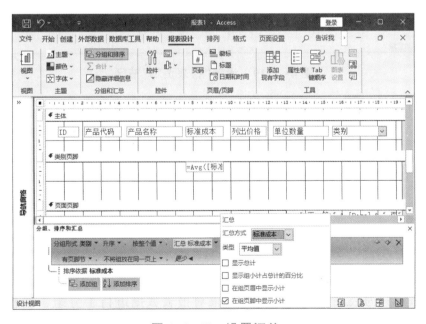

图 4-3-17 设置汇总

（15）删除"页面页眉"节区中的类别标签，把"主体"节中显示类别控件剪切到"类别页眉"节区。在"类别页脚"节区添加两个标签控件和一个文本框控件，分别命名为 lb_avg、lb_count、txt_count；lb_avg 标签控件显示"标准成本平均值："，lb_count 标签控件"产品种类数："；设置 txt_count 文本框控件的"控件来源"为"=count（[ID]）"，如图 4-3-18 所示。

图 4-3-18　设置文本框控件的"控件来源"

设置"报表页脚"节区高度为 0，调整控件的位置、大小、对齐方式，如图 4-3-19 所示。

图 4-3-19　设置"报表页脚"节区

（16）单击"保存"按钮，弹出"另存为"对话框，输入报表名称"产品信息报表"，单击"确定"按钮保存报表，切换到打印预览视图，效果如图 4-3-1 所示，单击"打印"按钮，完成打印输出。

【学一学】

1. 报表的结构

报表是按节来设计的，报表的结构包括主体、报表页眉、报表页脚、页面页眉、页面页脚 5 部分，每个部分称为报表的一个节区。如果对报表数据进行了分组，在报表结构中，还会包括组页眉和组页脚节区，它们称为子节区。

使用设计视图创建报表时只有"主体""页面页眉""页面页脚"3 个节区，右击报表空白位置，在快捷菜单中选择"报表页眉/页脚"选项可添加"报表页眉"和"报表页脚"节区。

2. 报表中各个节区的功能

（1）主体：它是整个报表的核心部分，数据源表或查询中每条记录显示一次，在报表中要显示的数据源字段通常放在"主体"节区中。

（2）报表页眉："报表页眉"节区中的数据在整个报表中只出现一次，出现在报表的最上方。用于显示报表的标题、图形或报表用途等说明性文字。通常报表的封面放在"报表页眉"节区中。

（3）报表页脚：它是整个报表的页脚。"报表页脚"节区中的数据出现在报表最下方位置，主要用来显示报表总计等信息。

（4）页面页眉："页面页眉"节区中的内容显示和打印在报表每一页的顶部，用来显示报表中的列标题、页码等信息。

（5）页面页脚："页面页脚"节区中的内容显示和打印在报表每一页的底部，用来显示日期、页码、制作者和审核人等信息。

（6）组页眉：组页眉节区在分组报表中，显示在每一组开始的位置，主要用来显示组标题、组的统计汇总结果等信息。

（7）组页脚：在分组报表中，组页脚节区显示在每一组结束的位置，主要用来显示组的统计汇总结果等信息。

3. 分组、排序和汇总操作

输出报表时，通常需要按特定顺序组织记录，有些报表仅对记录排序还不够，还需要对数据进行分组，通过分组显示介绍性内容和汇总数据。具体步骤如下。

（1）单击"报表设计"-"分组和汇总"-"分组和排序"按钮，或右击报表空白位置，在弹出的快捷菜单中选择"排序和分组"选项，打开"分组、排序和汇总"窗格。

（2）单击"添加组"和"添加排序"按钮，建立分组和排序。

（3）若要添加新的排序和分组，再单击"添加组"或"添加排序"按钮。"分组、排序和汇总"窗格中将添加一个新行，并显示可用字段的列表，单击选中字段名称，或单击字段列表下的"表达式"进行输入，设置分组或排序项，如果是分组，将在报表中添加分组级别。如图4-3-20所示。

提个醒

如果已经定义了多个排序或分组级别，则可能需要向下滚动"分组、排序和汇总"窗格才能看到"添加组"和"添加排序"按钮，一个报表最多可定义10个分组和排序级别。

单击"分组形式"或"排序依据"右边的向上箭头按钮◆，可以提升分组级别或排序字段次序。

单击"分组形式"或"排序依据"右边的向下箭头按钮◆，可以降低分组级别或排序字段次序。

单击"分组形式"或"排序依据"右边的删除按钮×，可以删除此分组形式或排序依据。如果删除分组形式，会将对应的组页眉和组页脚也删除。

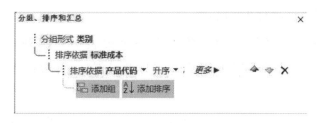

图 4-3-20　"分组、排序和汇总"窗格

（4）在"分组、排序和汇总"窗格中，单击"更多"选项，在打开的选项列表中单击"无汇总"选项，打开"汇总"对话框。

（5）在"汇总"对话框中可以分别完成汇总方式、类型及显示情况等相关内容的设置，如图4-3-17 所示。

4. 插入日期时间和页码操作

在报表输出时，往往需要打印日期和时间。当报表多于一页时，则需要显示页数。在报表中添加日期时间和页码操作步骤如下。

（1）添加日期时间：在报表设计视图中，先添加"报表页眉"和"报表页脚"节区，单击"报表设计"-"页眉/页脚"-"日期和时间"按钮，则在"报表页眉"节区添加文本框控件显示"=Date( )"和"=Time( )"，如图4-3-11所示。

（2）添加页码：单击"报表设计"-"页眉/页脚"-"页码"按钮，打开"页码"对话框中，选择相应的页码格式、位置和对齐方式，单击"确定"按钮，则在指定节区上添加文本框控件显示页码，如图4-3-12所示。

5. 属性表窗口的应用

在设计视图中，报表及报表中的对象都可以通过"属性表"窗格完成相关设置。具体如下。

单击"报表设计"-"工具"-"属性表"按钮，或右击要设置的对象，在快捷菜单中选择"属性"选项，打开"属性表"窗格，如图4-3-10所示。

（1）属性表窗口选项卡。

①格式：报表标题、字体等和外观有关的属性。

②数据：和报表、控件数据来源、输入方式有关的属性。

③事件：事件响应。

④其他：报表、控件的名称、控件提示文本等除格式、数据以外的其他属性。

⑤全部：包含报表、控件所有的属性事件项目。

（2）使用方法。

①打开"属性表"窗格。

②选中要修改设置的报表或控件。

③在"属性表"窗格找到属性或事件进行设置。

6. 控件的布局

（1）选中多个控件。

方法一：单击选中第一个控件，按下"Ctrl"键再单击其他控件。

方法二：把鼠标指针放到一个合适的位置，按下鼠标左键拖曳，出现一个矩形框，矩形框碰到的控件就会被选中，拖曳鼠标到合适位置，需要选中控件都被矩形框碰到，就松开鼠标左键，选中控件。

（2）使用"排列"选项卡"调整大小和排序"组中的按钮调整控件对齐和大小，如图 4-3-21 和图 4-3-22所示。要求先选中要对齐或调整大小的多个控件，再单击相应按钮。

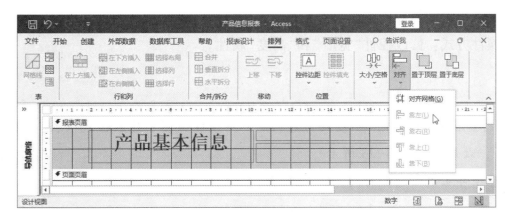

图 4-3-21　调整控件对齐

图 4-3-22　调整控件大小

（3）调整控件位置。

①拖曳方式：把鼠标指针放到控件边沿上，按下鼠标左键，鼠标指针成十字箭头，拖曳

鼠标到目的地松开。

②修改属性方式：修改控件"上边距"和"左边距"属性。

上边距：距离控件所在容器上边沿的距离。

左边距：距离控件所在溶解左边沿的距离。

(4)调整大小。

①拖曳方式：单击选中控件，把鼠标指针放到控件边沿句柄(小四方块)上，鼠标指针成上下箭头、左右箭头或斜双向箭头，按下鼠标左键拖曳，到合适大小松开鼠标左键。

②设置属性方式：修改控件"宽度"和"高度"属性。

【试一试】

(1)以"销量居前十位的订单"查询为数据源，用设计视图创建表格式报表，名称为"前10个最大订单"，效果如图4-3-23所示。

要求：在顶部显示日期和时间。

图 4-3-23　前 10 个最大订单报表

提示：序号列内容使用文本框显示，设置文本框控件"控件来源"属性为"=1"，"运行总和"属性为"全部之上"，如图4-3-24所示。

(2)以"员工扩展信息"查询为数据源，用设计视图创建"员工电话簿"报表，效果如图4-3-25、图4-3-26所示。

要求：按"姓"分组，报表顶端显示日期时间，每页底部显示页码。

图 4-3-24　设置文本框控件属性

员工电话簿　　2022年1月19日　　10:55:33

	员工姓名	业务电话	住宅电话	移动电话
金				
	金 士鹏	(010) 23651245	(010) 65555598	
李				
	李 芳	(010) 36254536	(010) 65553412	
刘				
	刘 英玫	(010) 35264532	(010) 65551189	
孙				
	孙 林	(010) 23554987	(010) 65557773	
王				
	王 伟	(010) 13265986	(010) 65559482	
张				
	张 雪眉	(010) 12365982	(010) 65554444	
	张 颖	(010) 65553199	(010) 65559857	

图 4-3-25　员工电话簿(一)

第 1 页，共 1 页

图 4-3-26　员工电话簿(二)

【小本子】

以思维导图的模式总结报表结构包含的节区及其作用。

任务四　打印员工名片

【任务描述】

在日常工作中，经常需要制作一些“客户邮件地址”和“员工信息”等标签。标签是一种类似名片的短信息载体。使用 Access 2021 提供的“标签”工具，可以方便地创建各种各样的标签报表。

本任务就是利用“标签”工具制作一个员工信息名片，然后打印输出。

【做一做】

需求：利用“标签”工具，以“员工”表为数据源，创建一个报表，以名片形式显示员工基

本信息，并打印输出。完成效果如图 4-4-1 所示。

图 4-4-1　员工信息名片

分析：本任务中涉及的主要问题和解决方法如下。

（1）查找数据源：打开数据库，找到"员工表"。

（2）所需工具：找到"创建"选项卡"报表"组的"标签"按钮。

（3）创建报表：按照步骤和操作方法创建并保存报表。

（4）打印输出。

操作步骤如下。

（1）打开"罗斯文"数据库，在左侧导航窗格的"表"中，选中"员工"表。

（2）单击"创建"–"报表"–"标签"按钮，打开"标签向导"对话框，在"请指定标签尺寸"界面中，所有设置项取默认值，如图 4-4-2 所示。

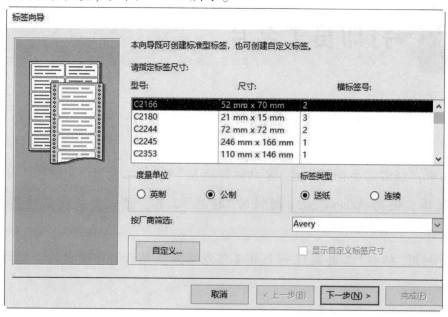

图 4-4-2　"请指定标签尺寸"界面

（3）单击"下一步"按钮，打开"请选择文本的字体和颜色"界面，设置字体为"华文楷体"，字号为"12"，字体粗细为"正常"，文本颜色为"黑色"，单击"下一步"按钮，如图4-4-3所示。

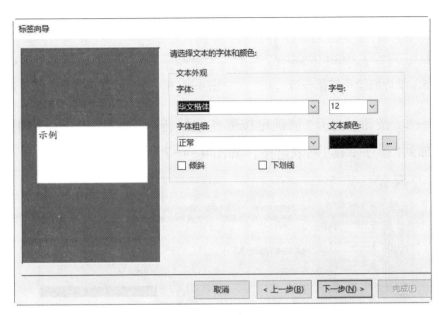

图 4-4-3 "请选择文本的字体和颜色"界面

（4）单击"下一步"按钮，打开"请确定邮件标签的显示内容"界面，在"原型标签"文本框第一行左边输入"姓名:"，如图4-4-4所示。

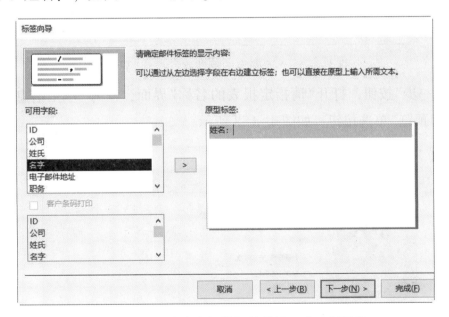

图 4-4-4 "请确定邮件标签的显示内容"界面

（5）在可用字段列表框中选中"姓氏"字段，单击 > 按钮将"姓氏"字段添加到"原型标签"文本框中，在后边添加"名字"字段。接着输入"职务:"，在后边添加"职务"字段，如图4-4-5所示。

（6）按回车键转到第二行，输入"电子邮件地址:"，在后边再添加"电子邮件地址"字段。再按回车键转到第三行，输入"业务电话:"，在后边添加"业务电话"字段，如图4-4-6所示。

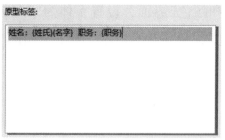

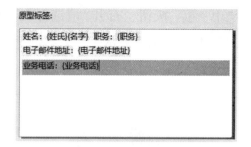

图 4-4-5　设计原型标签第一行　　　　　图 4-4-6　设计原型标签第二行、第三行

（7）单击"下一步"按钮，打开"请确定按哪些字段排序"界面中，把"可用字段"列表框中的"姓氏"字段添加到"排序依据"列表框中，如图 4-4-7 所示。

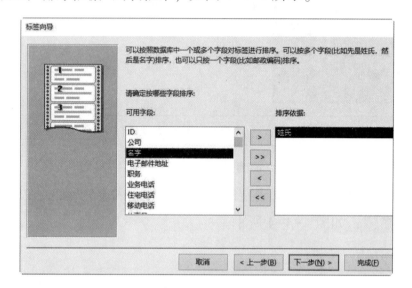

图 4-4-7　"请确定按哪些字段排序"界面

（8）单击"下一步"按钮，打开"请指定报表的名称"界面，输入"职工信息名片"，并选择"查看标签的打印预览"单选按钮，如图 4-4-8 所示。

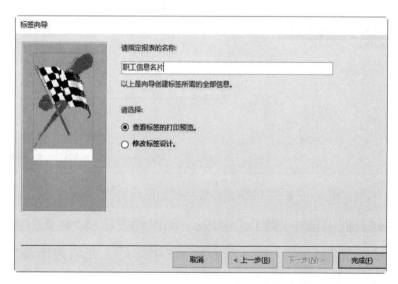

图 4-4-8　"请指定报表的名称"界面

（9）单击"完成"按钮，报表创建完成，切换到打印预览视图，显示效果如图 4-4-1 所示。

【学一学】

标签报表实际上是一种多列报表，常常把一条记录的各个字段分行排列，因此制作标签一般都是使用多列的方法。具体操作步骤及对话框主要功能如下。

(1)单击"创建"-"报表"-"标签"按钮，打开"标签向导"对话框第一个界面。在该界面中，可以选择标签的厂商、型号、尺寸、度量单位及标签类型等。

提个醒

如果对列表框中的标签参数不满意或者有特定的尺寸需求，可以单击"自定义"按钮，打开"新建标签尺寸"对话框来完成标签的设置和定义，如图4-4-9所示。单击"新建"按钮，打开"新建标签"对话框。在该对话框中，根据实际需求设置标签尺寸，定义标签度量单位、类型、方向等值，如图4-4-10所示。

图4-4-9 "新建标签尺寸"对话框

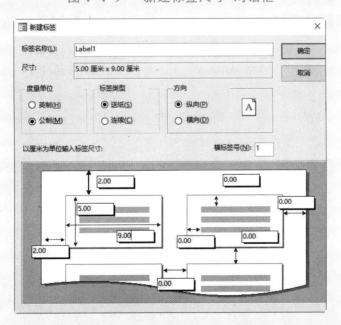

图4-4-10 "新建标签"对话框

（2）单击"下一步"按钮，打开"标签向导"对话框第二个界面。在此界面中，可以对文本外观的字体、字号和颜色，及下画线、倾斜等进行设置。

（3）单击"下一步"按钮，打开"标签向导"对话框第三个界面。此界面用来设置标签的显示内容。

提个醒

（1）在"可用字段"列表框中，双击字段名可将该字段添加到"原型标签"文本框中。

（2）为了让标签意义更明确，可将光标定位在字段前面输入所需要的文本。

（3）可用鼠标单击下一行，或按下"Enter"键实现文本的换行。

（4）单击"下一步"按钮，打开"标签向导"对话框第四个界面。此界面主要用来设置标签内容的排序，可以选择一个或多个字段对标签进行排序。

（5）单击"下一步"按钮，打开"标签向导"对话框第五个界面。在该界面中设置报表名称，选择完成后显示的视图模式（"查看标签的打印预览"单选按钮和"修改标签设计"单选按钮），最后单击"完成"按钮，创建好标签。

利用标签向导创建标签格式相对简单，无法完成更复杂的页面设置。为了制作出更符合实际需求的标签报表，可以在设计视图下对标签进一步完善和美化。

【试一试】

以"产品"表为数据源，用"标签"工具创建"产品名片"标签，效果如图4-4-11所示。

罗斯文公司

产品代码：NWTB-1　　产品名称：苹果汁
单位数量：10箱 x 20包　　标准成本：5

罗斯文公司

产品代码：NWTB-34　　产品名称：啤酒
单位数量：每箱24瓶　　标准成本：10

罗斯文公司

产品代码：NWTB-43　　产品名称：柳橙汁
单位数量：每箱24瓶　　标准成本：10

罗斯文公司

产品代码：NWTB-81　　产品名称：绿茶
单位数量：每箱20包　　标准成本：4

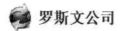

图4-4-11 "产品名片"标签

提个醒

图片和标题可在节区中添加图像和标签控件完成。

【小本子】

用思维导图总结标签报表创建步骤，总结在设计视图中对标签报表进行修改、美化的方法。

任务五 ▶ 打印各城市客户所占比例

【任务描述】

工作中信息统计有时候是错综复杂、千变万化的，为了更好地展示它们及它们内在的关系，我们需要对这些信息的属性进行抽象化分析研究。图表对时间、空间等概念的表达和一些抽象思维的表达具有文字和言辞无法比拟的传达效果。使用 Access 2021 可以方便地创建各种各样的图表报表。

本任务通过制作一个各城市客户所占比例图表，完成公司客户各城市所占比例的分析，并打印输出。

【做一做】

需求：使用设计视图，以"客户"表为数据源，通过插入图表控件创建图表报表，并打印输出。完成效果如图 4-5-1 所示。

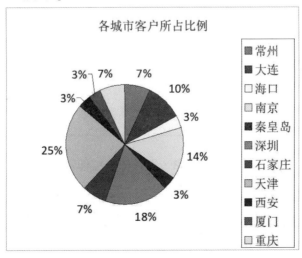

图 4-5-1 "各城市客户所占比例"图表报表

分析：本任务中涉及的主要问题和解决方法如下。

(1)所需工具：报表设计视图。

(2)创建报表：利用"报表设计"选项卡"控件"组的"图表"工具，根据图表向导逐步创建图表报表。

(3)设计报表标题和显示格式。

(4)打印报表。

操作步骤如下。

(1)单击"创建"-"报表"-"报表设计"按钮，打开报表设计视图。

(2)单击"报表设计"-"控件"-"图表"按钮，如图4-5-2所示。

图4-5-2　单击"图表"按钮

(3)将鼠标指针移动到"主体"节区内合适位置，按下鼠标左键拖曳，出现一个矩形框，这个矩形框就是控件的大小和位置，拖曳到合适位置松开鼠标左键，如图4-5-3所示，打开"图表向导"对话框。

图4-5-3　插入图表控件

(4)在打开的"图表向导"对话框"请选择用于创建图表的表或查询"界面中，选中"视图"单选按钮组中的"表"单选按钮，并选择"客户"表，如图4-5-4所示。

(5)单击"下一步"按钮，打开"请选择图表数据所在的字段"界面，把"ID""城市"字段添加到"用于图表的字段"列表框中，如图4-5-5所示。

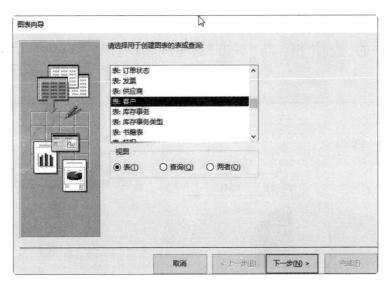

图 4-5-4 "请选择用于创建图表的表或查询"界面

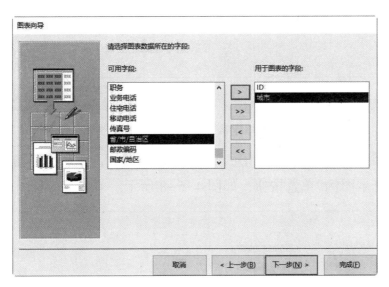

图 4-5-5 "请选择图表数据所在的字段"界面

(6)单击"下一步"按钮,打开"请选择图表类型"界面,选择"饼图",如图 4-5-6 所示。

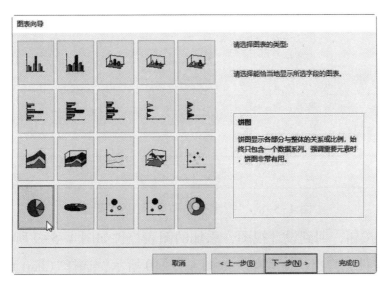

图 4-5-6 "请选择图表类型"界面

(7)单击"下一步"按钮,打开的"请指定数据在图表中的布局方式"界面,将右侧的"ID"拖曳到"预览图表"中的"数据"框,将"城市"拖曳到"预览图表"中的"系列"框,如图4-5-7所示。

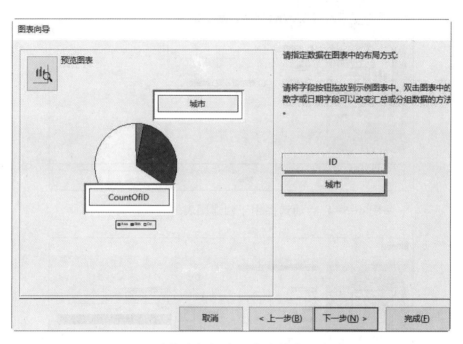

图4-5-7 "请指定数据在图表中的布局方式"界面

(8)单击"下一步"按钮,打开"请指定图表的标题"界面,在文本框输入"各城市客户所占比例",选择"是,显示图例"单选按钮,如图4-5-8所示。

图4-5-8 "指定标题和显示图例"界面

(9)单击"完成"按钮,回到设计视图,添加的图表控件如图4-5-9所示。

(10)右击图表控件,弹出快捷菜单,如图4-5-10所示,选择"Chart对象"-"编辑"选项,进入图表编辑状态。

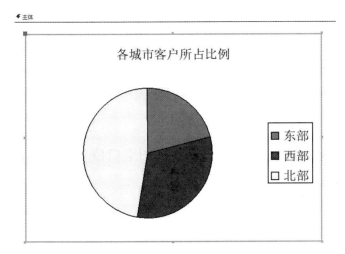

图 4-5-9　添加的图表控件　　　　　　　　图 4-5-10　图表控件快捷菜单

（11）右击图表控件中的图表，弹出快捷菜单，如图 4-5-11 所示，选择"设置数据系列格式"选项，弹出"数据系列格式"对话框，单击"数据标签"选项卡，在"数据标签包括"选项组中选中"百分比"复选框，如图 4-5-12 所示。

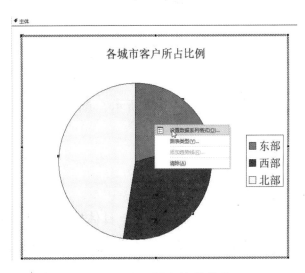

图 4-5-11　图表快捷菜单

图 4-5-12 "数据系列格式"对话框

（12）单击"确定"按钮，回到图表的编辑视图，单击报表设计视图空白位置，回到设计视图，编辑后的图表控件如图 4-5-13 所示。

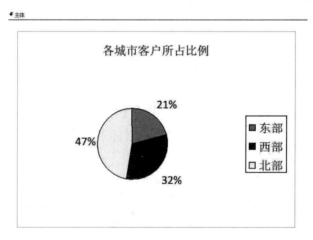

图 4-5-13 编辑后的图表控件

（13）切换到打印预览视图，效果如图 4-5-1 所示，调整页面并打印输出。

【学一学】

1. 创建图表报表

利用图表向导能制作出丰富的功能齐全的报表，具体操作步骤及对话框主要功能如下。

（1）单击"创建"-"报表"-"报表设计"按钮，打开报表设计视图。

（2）单击"报表设计"-"控件"-"图表"按钮，在报表设计视图"主体"节区添加图表控件，打开"图表向导"对话框第一个界面。在该界面中，选择表或查询作为报表的数据源。

(3)单击"下一步"按钮，打开"图表向导"对话框第二个界面。此界面用来选择用于图表的字段。

(4)单击"下一步"按钮，打开"图表向导"对话框第三个界面。此界面用来确定图表的显示类型。

提个醒

图表的类型和 Excel 图表类似，有柱形图、条形图、面积图、折线图、XY 散点图、饼图、气泡图及圆环图等多种类型。我们可根据实际需求选择不同的图表类型来表示相关数据。

(5)单击"下一步"按钮，打开"图表向导"对话框第四个界面。在该界面中拖曳用于图表的字段到"系列"框、"数据"框等，设置图表的布局方式。如果"数据"框放的是数值型字段，双击"数据"框，可以弹出"汇总"对话框，如图 4-5-14 所示，用于设置图表显示数据的计算方式。

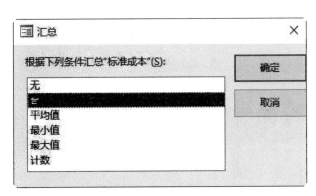

图 4-5-14　"汇总"对话框

(6)单击"下一步"按钮，打开"图表向导"对话框第五个界面。在该界面中，输入图表名称，指定图表标题；选择是否显示图表图例，单击"完成"按钮，完成图表报表创建。

2. 图表属性设置

图表报表创建完成后，可以通过属性设置对其做进一步的格式化，使之更加符合实际需求。具体操作如下。

打开创建的图表报表的设计视图，单击选中"主体"节区中的图表控件，在"属性表"窗格中设置"图表"高度和宽度，设置背

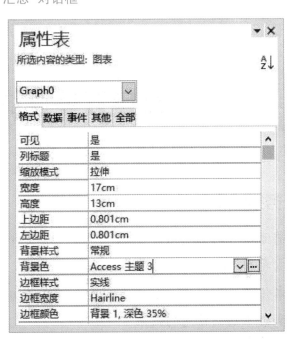

图 4-5-15　设置图表属性

景色为 Access 主题 3，如图 4-5-15 所示。

【试一试】

以"按日期产品分类销售"查询为数据源，用"图表"工具创建"各月产品分类销售"图表报表，效果如图 4-5-16 所示。

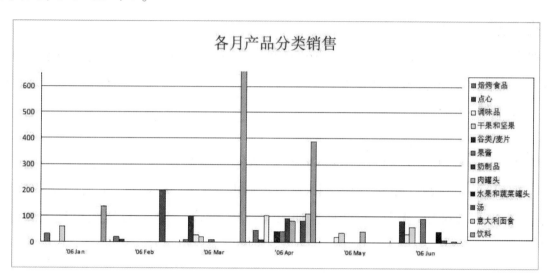

图 4-5-16 "各月产品分类销售"图表报表

【小本子】

用思维导图总结图表报表创建步骤，总结在设计视图中对图表报表进行格式化、编辑的方法。

任务六 ▶ 打印订单详细信息

【任务描述】

前面学习的都是对单一报表的编辑和打印，有时候需要同时查看打印多个报表的数据，这就需要用"主/子报表"控件来实现。

本任务通过制作一个订单信息和订单明细信息主/子报表，实现同时打印输出订单的基本信息和订单明细信息的效果。

【做一做】

需求：利用"报表设计"工具，以"订单明细"表为数据源制作报表作为子报表，再以"订单"表为数据源制作主报表，将子报表添加到主报表，完成主/子报表制作，并打印输出。效果如图4-6-1所示。

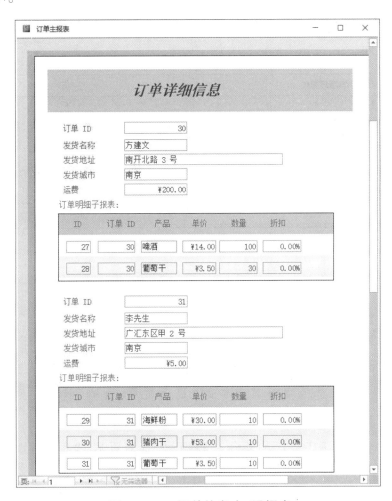

图4-6-1 订单信息主/子报表

分析：本任务中涉及的主要问题和解决方法如下。

(1)所需工具："创建"-"报表"-"报表设计"按钮。

(2)创建报表：找到数据源"订单明细"表，利用"报表设计"工具创建订单明细表子报表。

(3)创建报表：找到数据源"订单"表，利用"报表设计"工具创建订单表主报表。

(4)将子报表添加到主报表内。

(5)设计报表标题和显示格式。

(6)打印报表。

操作步骤如下。

(1)打开"罗斯文"数据库。

(2)单击"创建"-"报表"-"报表设计"按钮，打开报表设计视图。

(3)单击"报表设计"-"工具"-"添加现有字段"按钮，打开报表"字段列表"窗格，单击

"字段列表"窗格的"显示所有表"，显示出当前数据库中的所有表。

（4）在"字段列表"窗格中，单击"订单明细"表左侧的加号，将"ID""订单 ID""产品""单价""数量""折扣"等字段依次拖曳到"主体"节中，右击报表空白位置，在弹出的快捷菜单中选择"报表页眉/页脚"选项，添加"报表页眉"和"报表页脚"节区。右击报表空白位置，在弹出的快捷菜单中选择"页面页眉/页脚"选项，去掉"页面页眉"和"页面页脚"节区。将"主体"节区中的字段标签剪切到"报表页眉"节区中，设置"报表页脚"高度为 0，调整控件的大小和位置，如图 4-6-2 所示。

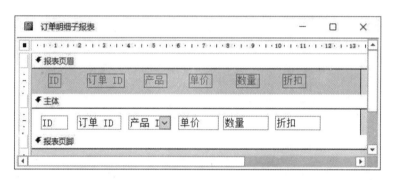

图 4-6-2 设计订单明细子报表

提个醒

如果当前有"页面页眉"或"页面页脚"节区，选择快捷菜单中的"页面页眉/页脚"选项则是去掉"页面页眉"和"页面页脚"节区及节区中的对象。如果当前没有"页面页眉"或"页面页脚"节区，选择快捷菜单中的"页面页眉/页脚"选项，则是添加"页面页眉"和"页面页脚"节区。

"报表页眉""报表页脚"节区的添加、删除和"页面页眉""页面页脚"节区的添加删除方法相同。

"报表页眉"和"报表页脚"节区同时添加或删除，如果只用其中一个，可以设置另一个高度为 0。"页面页眉""页面页脚"的使用和"报表页眉""报表页脚"的使用相同。

（5）保存报表并关闭。

（6）重复上述步骤（1）～（3），再次打开报表设计视图、"字段列表"窗格。

（7）在打开的"字段列表"窗格中，单击"订单"表左侧的加号，将"订单 ID""发货名称""发货地址""发货城市""运费"等字段依次拖曳到"主体"节中，并调整标签的位置，设置字体颜色等格式，如图 4-6-3 所示。

（8）增加"主体"节区的高度，拖曳导航窗格中"订单明细子报表"到"订单主报表"的"主体"节区下方的空白位置，自动添加子窗体/子报表控件，显示订单明细子报表内容，设置子窗体/子报表控件的"源对象"属性为"报表.订单明细子报表"，"链接主字段"属性为"订单 ID"，"链接子字段"属性为"订单 ID"，如图 4-6-4 所示。

图 4-6-3　设计订单主报表　　　　图 4-6-4　设置子窗体/子报表控件属性

（9）在订单主报表去掉"页面页眉""页面页脚"节区，添加"报表页眉""报表页脚"节区，在"报表页眉"节区添加标签控件，输入报表标题"订单详细信息"，设置字体格式：字形为"宋体"，字号为"20"，"加粗"，"倾斜"，颜色为"蓝色"，如图 4-6-5 所示。

图 4-6-5　订单主报表设计视图

（10）切换报表视图为打印预览，效果如图 4-6-1 所示，页面设置取默认值，单击"打印"按钮，输出报表。

【学一学】

主/子报表概念：把一个报表插入到另一个报表内部，插入的报表称为子报表，包含子报表的报表叫做主报表。通过将两个报表用子报表的形式链接起来的形式，可以从一个报表中了解到另一个报表的情况。

利用"报表设计"工具创建主/子报表，具体操作步骤及窗口主要功能和前面学习的利用报

表设计创建报表类似,这里不再赘述。

> **提个醒**
>
> 添加子报表到主报表中的时候,如果两者相关联,则在建立子报表之前必须确认已经正确建立了表格的关联。

【试一试】

以"员工"表为数据源创建主报表,以"订单"表为数据源创建子报表,创建主/子报表,效果如图4-6-6所示。

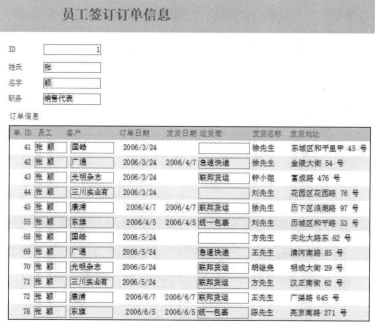

图4-6-6 "员工签订订单信息"主子报表

> **提个醒**
>
> 直接用订单表做子报表添加到主报表中,通过员工表的"ID"字段和订单表的"员工ID"进行关联。

【小本子】

用思维导图总结主/子报表创建步骤,总结在设计视图中创建主/子报表的操作要点。

PROJECT 5 项目 ⑤

管理数据信息

　　窗体(Form)是 Access 用来和用户进行交互的主要数据库对象。我们可以将窗体视作窗口，通过窗体查看和访问数据库。美观的窗体可以增加数据库使用的乐趣和效率，有效的窗体有助于避免错误数据的输入，便于人们使用。事实上，在 Access 应用程序中，所有操作都是在窗体这个界面上完成的。通过窗体可以向表中输入数据、编辑数据，可以查询、排序、筛选和显示数据，可以接收用户的输入并执行相应的操作等。

　　在 Access 中，我们可以使用窗体、窗体设计、空白窗体、窗体向导、导航等工具创建各式各样的窗体。

| 任务一 | 显示订单列表窗体 |

【任务描述】

窗体的一个重要功能是显示表或查询中的数据，Access 提供了"窗体"工具，可以简单便捷地创建窗体实现此功能。窗体创建好以后还可以切换到设计视图进行完善。

本任务将创建"订单列表"窗体，如图 5-1-1 所示，显示"订单摘要"查询的数据，学习使用"窗体"工具自动创建窗体，使用设计视图完善窗体。

图 5-1-1　订单列表窗体

【做一做】

1. 需求分析

需求：创建"订单列表"窗体。

分析：利用"窗体"工具，只需单击鼠标便可创建窗体，选中的表或查询的所有字段就会显示在窗体上。本任务首先使用"窗体"工具自动创建"订单列表"窗体，然后使用设计视图完善窗体。

2. 使用"窗体"工具自动创建窗体

(1) 打开"罗斯文"数据库。

(2) 在导航窗格中单击"订单摘要"查询名，选择查询。

提个醒

也可以使用数据表视图打开表或查询。

（3）单击"创建"–"窗体"–"窗体"按钮，如图 5-1-2 所示，创建窗体并打开布局视图，如图 5-1-3 所示。

图 5-1-2　创建窗体

图 5-1-3　布局视图

（4）单击"保存"按钮，打开"另存为"对话框，在"窗体名称"文本框中输入"订单列表"，单击"确定"按钮，保存窗体。

3. 使用设计视图完善窗体

（1）单击"开始"–"视图"–"视图"按钮，在其下拉菜单中选择"设计视图"选项，如图 5-1-4 所示，切换到窗体的设计视图。

（2）单击"表单设计"–"工具"–"属性表"按钮，打开"属性表"窗格。在下拉列表框中选择"窗体"，如图 5-1-5 所示。

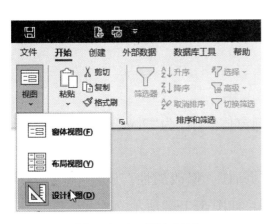

图 5-1-4　切换视图

图 5-1-5　在"属性表"窗格中选择"窗体"

提个醒

（1）窗体操作和报表操作有很多相同的地方，报表部分讲的很多内容可以用在窗体操作中，这部分讲的很多内容也可以用在报表操作中。

（2）"属性表"窗格上边的下拉列表框中列出了窗体及其上所有控件的控件名，可以通过在下拉列表框中选择控件名选中控件。

（3）每个控件都有自己的属性，"属性表"窗格列出的属性就是在下拉列表框中选中的控件的属性。

（4）我们我们可以通过单击窗体设计视图中"水平标尺"和"垂直标尺"交叉处的小方块选中窗体。如图5-1-6所示。

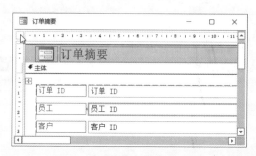

图 5-1-6　通过单击标尺交叉处的小方块选中窗体

（3）修改窗体属性。窗体默认视图为分割窗体，如图5-1-7所示，切换到窗体视图。

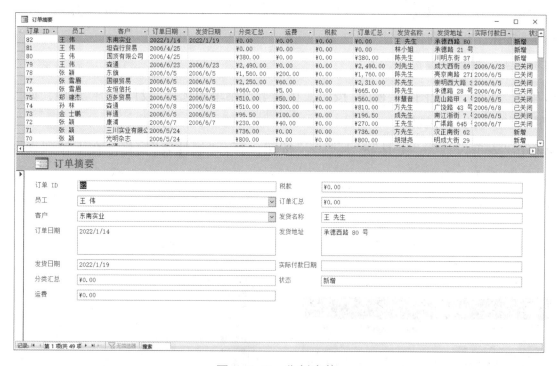

图 5-1-7　分割窗体

（4）切换回设计视图修改窗体属性，设置"分割窗体大小"为"2cm"，"分割窗体方向"为"数据表在下"，"分割窗体分割条"为"否"。

（5）在"属性表"窗格下拉列表框中选中"窗体页眉"，修改属性。设置"高度"为"2cm"，和窗体属性"分割窗体大小"相同。切换到窗体视图，如图5-1-8所示。

（6）切换回设计视图，选中"窗体"，修改窗体属性，单击"图片"属性输入框，出现 ··· 按钮，单击 按钮，打开"插入图片"对话框，选择给定素材中的"nwheader_ main. png"图片，如图 5-1-9 所示，单击"确定"按钮，窗体背景图片设置完成。

图 5-1-8　窗体视图

（7）修改窗体属性，设置"图片对齐方式"为"左上"，"图片缩放模式"为"水平拉伸"，如图 5-1-10 所示。

图 5-1-9　选择图片

图 5-1-10　修改窗体属性

（8）切换到窗体视图，如图 5-1-11 所示。

（9）切换回设计视图，把鼠标指针移动到"窗体页眉"节区里的图像控件上单击，选中图像控件，如图 5-1-12 所示。

图 5-1-11　窗体视图

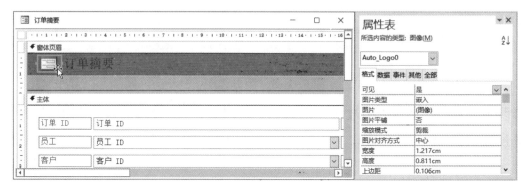

图 5-1-12　选中图像控件

（10）通过"属性表"窗格，设置图像控件的"图片"属性为"订单列表图标.png"图片，如图 5-1-13 所示。

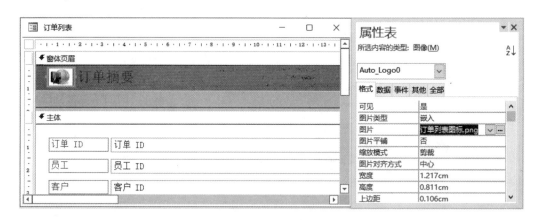

图 5-1-13　设置图像控件属性

（11）把鼠标指针移动到"窗体页眉"节区里的"订单摘要"标签控件上单击，选中标签控件，通过"属性表"窗格修改"标题"为"订单列表"，切换到窗体视图，如图 5-1-1 所示。

【学一学】

1. 窗体介绍

窗体作为用户和 Access 应用程序之间的主要接口，可以用于显示表和查询中的数据，也可以进行数据的输入、编辑修改操作。与数据表不同的是，窗体本身不存储数据，也不像表那样只以行或列的形式显示数据。

通过窗体用户可以方便地输入、编辑、显示和查询表中的数据，可以将整个应用程序组织起来，形成一个完整的应用系统，但任何形式的窗体都是建立在表或查询基础上的。

窗体有很多形式，不同的窗体能够完成不同的功能。窗体中的信息主要有两类：一类是设计者在设计窗体时附加的一些提示信息，如一些说明性的文字或一些图形元素，如线条、矩形框等，使得窗体比较美观。这些信息对数据表中的每一条记录都是相同的，不随记录而变化。另一类是所处理表或查询的记录，这些信息往往与所处理记录的数据密切相关，当记录发生变化时，这些信息也随之变化。利用控件，用户可以在窗体的信息和数据来源之间建立链接。

2. 窗体的组成和结构

窗体由多个部分组成，每个部分称为一个"节区"，大部分的窗体只有"主体"节区，如果需要，也可以在窗体中包含"窗体页眉""窗体页脚""页面页眉""页面页脚"等节区。如图 5-1-14 所示。

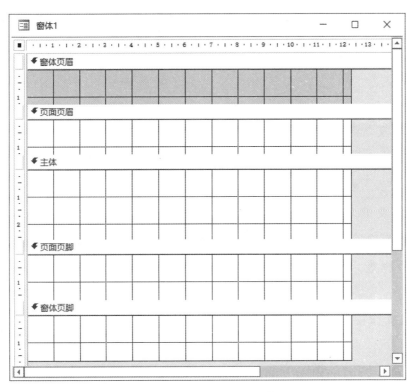

图 5-1-14　窗体的组成部分

"窗体页眉"节区位于窗体顶部位置，一般用于设置窗体的标题、窗体使用说明或打开相关窗体及执行其他任务的命令按钮等。"窗体页脚"节区位于窗体底部，一般用于显示对所有记录都要显示的内容、使用命令的操作说明等信息，也可以设置命令按钮，以便执行必要的控制。

"页面页眉"节区一般用来设置窗体在打印时的页头信息，如标题或用户要在每一页上方显示的内容。"页面页脚"节区一般用来设置窗体在打印时的页脚信息，如生产日期、页码或用户要在每一页下方显示的内容。

"主体"节区通常用来显示记录数据，可以在屏幕或页面上只显示一条记录，也可以显示多条记录。

另外窗体中还包含标签、文本框、复选框、列表框、组合框、选项组、命令按钮、图像

等图形化的对象，这些对象被称为控件，在窗体中起不同的作用。

3. 用"窗体"工具创建窗体

创建好一个表并向里面填充好数据后，就可以通过数据表这种形式处理数据。虽然数据表将数据以一种简洁而有效的表格形式呈现出来，但这种简单的设计同时也使读取单个数据非常困难，所以在 Access 中可以通过创建基于表和查询的窗体来使读取数据变得容易。

窗体在这些方面都做得很好，它使得数据输入、读取和打印等都更加轻松愉快。最快捷的创建窗体的方式就是使用"窗体"工具创建窗体，"窗体"工具已经将颜色、格式和背景设计全部设置好，可以非常直观地访问表中的每个字段。利用"窗体"工具建立一个简单窗体时不过就是点几下鼠标而已。使用此工具时，来自基础数据源的所有字段都放置在窗体上。用户可以立即开始使用新窗体，也可以在布局视图或设计视图中修改该新窗体以更好地满足需要。

创建好窗体后，用户在窗体中可以每次访问一条记录或者查询结果，也可以跳至记录的最前端或者结尾处，甚至可以跳至表中的任何一条记录上。

> **提个醒**
>
> 如果 Access 发现某个表与用于创建窗体的表或查询具有一对多关系，Access 将向基于相关表或相关查询的窗体中添加一个数据表。例如，创建一个基于"学生"表的简单窗体，并且"学生"表与"成绩"表之间定义了一对多关系，则数据表将显示"成绩"表中与当前"学生"表中记录有关的所有记录。如果确定不需要该数据表，可以将其从窗体中删除。如果有多个表与用于创建窗体的表具有一对多关系，Access 将不会向该窗体中添加任何数据表。

4. 常用的窗体操作视图

（1）窗体视图。

窗体创建好以后运行时的视图，即最终使用的视图。

（2）布局视图。

布局视图跟窗体视图外观相同，但在布局视图下可以进行添加、删除控件，调整控件的大小、位置等操作，可以在所见即所得的情况下进行窗体布局。

（3）设计视图。

在设计视图下可以添加控件、设置控件属性、设置事件等，用户可以根据需求制作控件。

（4）数据表视图。

以数据表的形式显示窗体记录源的数据。

5. 窗体常用"格式"属性

（1）默认视图：值有以下 4 种。

单个窗体：窗体视图时同一时刻显示一条记录。

连续窗体：窗体视图时同一时刻连续显示多条记录。

数据表：窗体视图时以数据表形式显示窗体记录源数据。

分割窗体：分割窗体是把窗体分为两部分，一部分以数据表形式显示数据，一部分以纵栏形式显示数据。单击选中数据表中某行数据，下边就会纵栏显示相应数据。

(2)图片：设置窗体上显示的背景图片，可以和“图片类型”“图片平铺”“图片对齐方式”“图片缩放模式”配合使用。

(3)关闭按钮：窗体视图时，窗体的关闭按钮是否可用。

(4)分割窗体大小：设置分割窗体中上边窗体的高度。

6. 窗体常用“数据”属性

记录源：窗体的记录源可以是数据库中的表、查询，也可以是SQL查询命令，把查询结果作为记录源，通常把窗体要操作的数据设置为记录源。

【试一试】

(1)使用“窗体”工具自动创建“客户列表”窗体，显示“客户扩展信息”查询中的内容，再使用设计视图完善窗体，效果如图5-1-15所示。

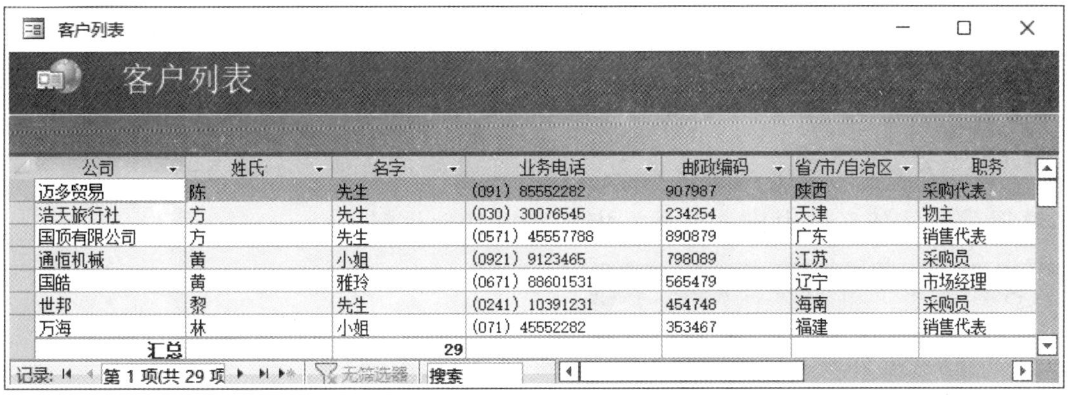

公司	姓氏	名字	业务电话	邮政编码	省/市/自治区	职务
迈多贸易	陈	先生	(091) 85552282	907987	陕西	采购代表
浩天旅行社	方	先生	(030) 30076545	234254	天津	物主
国顶有限公司	方	先生	(0571) 45557788	890879	广东	销售代表
通恒机械	黄	小姐	(0921) 9123465	798089	江苏	采购员
国皓	黄	雅玲	(0671) 88601531	565479	辽宁	市场经理
世邦	黎	先生	(0241) 10391231	454748	海南	采购员
万海	林	小姐	(071) 45552282	353467	福建	销售代表
汇总		29				

图5-1-15 客户列表窗体

提示：在窗体中，以数据表视图显示的数据，通过右击标题可以隐藏字段、取消隐藏字段。

(2)使用“窗体”工具自动创建“员工列表”窗体，显示“员工扩展信息”查询中的内容，再使用设计视图完善，效果如图5-1-16所示。

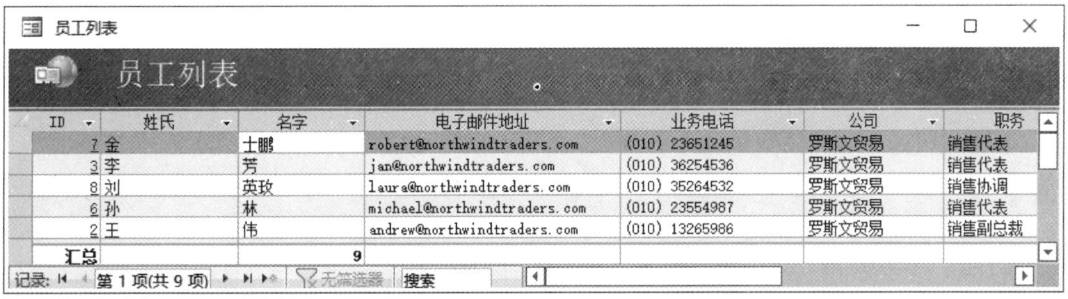

ID	姓氏	名字	电子邮件地址	业务电话	公司	职务
7	金	士鹏	robert@northwindtraders.com	(010) 23651245	罗斯文贸易	销售代表
3	李	芳	jan@northwindtraders.com	(010) 36254536	罗斯文贸易	销售代表
8	刘	英玫	laura@northwindtraders.com	(010) 35264532	罗斯文贸易	销售协调
6	孙	林	michael@northwindtraders.com	(010) 23554987	罗斯文贸易	销售代表
2	王	伟	andrew@northwindtraders.com	(010) 13265986	罗斯文贸易	销售副总裁
汇总		9				

图5-1-16 “员工列表”窗体

【小本子】

将窗体的组成和结构用思维导图画出来。

任务二 ▶ 制作登录窗体

【任务描述】

打开一个应用软件时，用户看到的第一个界面为启动界面，然后由启动界面进入软件其他界面。本任务将通过创建"罗斯文"数据库的启动界面，学习使用设计视图创建窗体，在窗体中添加使用标签、组合框、图像、命令按钮等控件。

"罗斯文"数据库的启动界面分两种情况，一种是在非信任环境下打开数据库，则打开"启动屏幕"窗体，提示信息，不能使用软件，如图5-2-1所示；一种是在信任环境下打开数据库，则打开"登录对话框"窗体，选择员工登录，可以使用软件，如图5-2-2所示。判断当前是信任环境还是非信任环境由宏来完成，宏将在项目六讲解。

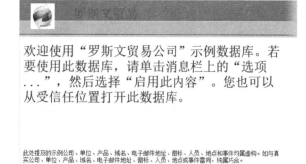

图5-2-1 "启动屏幕"窗体

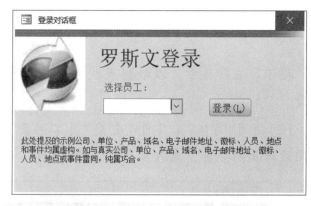

图5-2-2 "登录对话框"窗体

【做一做】

需求：创建"启动屏幕"窗体和"登录对话框"窗体。

分析："启动屏幕"窗体上主要有标签控件、图像控件，用于提示用户如何进入信任环境及显示一些免责说明。"登录对话框"窗体上主要有标签控件、组合框控件、按钮控件，用于选择登录用户并登录。这些窗体不适合使用向导或"窗体"工具快速创建窗体，本任务使用设计视图完成。

1. 创建"启动屏幕"窗体

（1）单击"创建"－"窗体"－"窗体设计"按钮，打开窗体的设计视图，默认只有一个"主体"节区，如图5-2-3所示。

（2）右击"主体"节区空白位置，在快捷菜单中选择"窗体页眉/页脚"选项，在设计视图出现"窗体页眉"和"窗体页脚"节区。单击"窗体页眉"节区的标题行，如图5-2-4所示，选中"窗体页眉"节区，打开"属性表"窗格，设置"高度"为"2cm"。

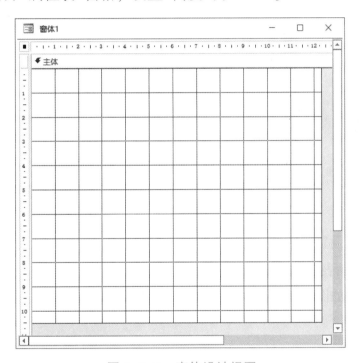

图5-2-3　窗体设计视图

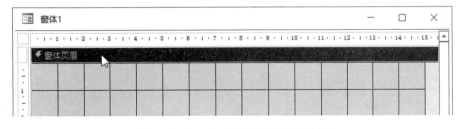

图5-2-4　选中"窗体页眉"节区

提个醒

窗体、节区都是控件，通过单击控件选中控件和通过"属性表"窗格的下拉列表框选中控件功能是相同的。

单击"主体"节区的标题行，选中"主体"节区，打开"属性表"窗格，设置"高度"为

"10cm"。

单击"窗体页脚"节区的标题行，选中"窗体页脚"节区，打开"属性"窗格，设置"高度"为"0cm"。

（3）选中窗体，设置窗体属性"宽度"为"15cm"，"图片"为给定素材中的"nwheader_main. png"图片，"图片对齐方式"属性为"左上"，"图片缩放模式"为"水平拉伸"，"边框样式"为"无"，切换到窗体视图，如图5-2-5所示。

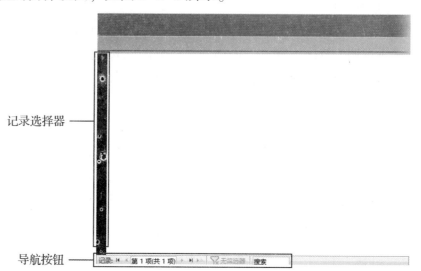

图5-2-5　窗体视图

切换到设计视图，设置窗体属性"记录选择器"为"否"，"导航按钮"为"否"，隐藏记录选择器和导航按钮，"属性表"窗格如图5-2-6所示。

切换到窗体视图，如图5-2-7所示。

图5-2-6　设置窗体属性　　　　　　　　　　　图5-2-7　窗体视图

提个醒

记录选择器：通过单击表记录前的记录选择器可以选中记录，窗体即使没显示表数据，默认也显示记录选择器。我们可以通过设置属性隐藏或显示记录选择器。

导航按钮：有"第一条记录""上一条记录"等按钮，用于选中表中某条记录。窗体即使没显示表数据，默认也显示导航按钮。我们可以通过设置属性隐藏或显示导航按钮。

（4）切换到设计视图，单击"表单设计"-"控件"组左边的"其他"按钮，展开控件组所有控件，选择"使用控件向导"选项，如图5-2-8所示。

图5-2-8 选择"使用控件向导"选项

提个醒

"控件向导"选中后，前边的图标是灰底的，再单击取消选中；没选中是白底的，再单击选中。

选中"控件向导"后，添加控件时自动打开控件向导，通过向导设置控件属性、事件。

（5）单击"表单设计"-"控件"-"图像"按钮，如图5-2-9所示。

图5-2-9 单击"图像"按钮

把鼠标指针移动到"窗体页眉"节区，按钮下鼠标左键拖曳，拖曳出一个矩形框，矩形框的位置和大小就表示将来添加控件的位置和大小。拖曳到一个合适的位置，松开鼠标左键，弹出"插入图片"对话框，选择"公司图标.jpg"，如图5-2-10所示。单击"确定"按钮，在图像控件就显示出了选择的图片。

单击新添加的图像控件，选择控件，打开"属性表"窗格，修改属性"高度"为"1.4cm"，"宽度"为"1.4cm"，"上边距"为"0.2cm"，"下边距"为"0.6cm"，"名称"为"Auto_Logo0"。

图 5-2-10　"插入图片"对话框

提个醒

（1）大部分控件的添加方法和添加图像控件的方法是相同的。

（2）每个控件都有名称，在操作控件时通过名称来指明要操作的控件，添加控件后控件都有一个默认的名称，如图像控件名称默认为"Image+数字"，如 Image1；标签控件默认名称为"Label+数字"，如 Label2。

（3）"名称"属性：修改控件的名称。

（6）单击"表单设计"-"控件"-"标签"按钮，把鼠标指针移动到"窗体页眉"节区，按钮下鼠标左键拖曳，拖曳到一个合适的位置，松开鼠标左键，出现标签控件，在标签控件中有文本插入符，输入"罗斯文贸易"，输入完后单击空白位置确认操作，如图 5-2-11 所示。

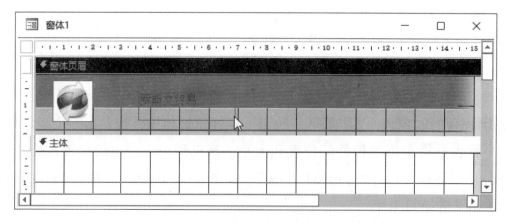

图 5-2-11　在"窗体页眉"节区添加图像和标签控件

（1）修改标签上的文字常用两种方法。

方法1：修改标签的"标题"属性。

方法2：把鼠标指针移动到标签控件上单击，选中标签控件，再把鼠标指针移动到标签内部单击，标签内容就可修改了。

（2）通过单击选中"表单设计"选项卡"控件"组中的控件后，把鼠标指针移动到要添加控件的位置单击，也可以在节区中添加控件，控件大小为默认。

把鼠标指针移动到标签控件上单击，选中标签控件，打开"属性表"窗格，修改属性"字体名称"为"宋体"，"字号"为"20"，"上边距"为"0.3cm"，"左边距"为"3cm"，"名称"为"Title"。单击"排序"-"调整大小和排序"-"大小/空格"按钮，弹出下拉菜单，选择"正好容纳"选项，如图5-2-12所示。切换到窗体视图，效果如图5-2-13所示。

图5-2-12 "大小/空格"下拉菜单　　　　　图5-2-13 窗体视图

（7）在主体节区添加两个标签控件。

第一个标签控件内容显示"欢迎使用'罗斯文贸易公司'示例数据库。若要使用此数据库，请单击消息栏上的'选项…'，然后选择'启用此内容'。您也可以从受信任位置打开此数据库。"，修改属性"字体名称"为"宋体"，"字号"为"20"，"上边距"为"0.3cm"，"左边距"为"0.2cm"，"宽度"为"14.5"，"高度"为"5cm"，"前景色"为"黑色"，"名称"为"Welcome"。

第二个标签控件内容显示"此处提及的示例公司、单位、产品、域名、电子邮件地址、徽标、人员、地点和事件均属虚构。如与真实公司、单位、产品、域名、电子邮件地址、徽标、人员、地点或事件雷同，纯属巧合。"，修改属性"字体名称"为"宋体"，"字号"为"9"，"上边距"为"6cm"，"左边距"为"0.2cm"，"宽度"为"14.5"，"高度"为"3cm"，"前景色"为"黑色"，"名称"为"Disclaimer"。切换到窗体视图，如图5-2-1所示。

（8）单击"保存"按钮 ，弹出"另存为"对话框，输入窗体名称"启动屏幕"，单击"确定"按钮，保存完成。

2. 创建"登录对话框"窗体

（1）单击"创建"–"窗体"–"窗体设计"按钮，打开窗体的设计视图。

（2）右击"主体"节区空白位置，在快捷菜单中选择"窗体页眉/页脚"选项，在设计视图出现"窗体页眉"和"窗体页脚"节区。修改窗体属性"宽度"为"12cm"，"图片"为给定素材中的"登录对话框背景.png"图片，"图片对齐方式"为"左上"，"图片缩放模式"为"水平拉伸"，"边框样式"为"对话框边框"，"滚动条"为"两者均无"，"记录选择器"为"否"，"导航按钮"为"否"，"自动居中"为"是"，"模式"为"是"。

修改"窗体页眉"节区属性"高度"为"0.3cm"，"背景色"为"#E7E7E2"。

修改"主体"节区属性"高度"为"6.3cm"，"背景色"为"#E7E7E2"。

修改"窗体页脚"节区属性"高度"为"0cm"，"背景色"为"#E7E7E2"。

切换到"窗体视图"，如图 5-2-14 所示。

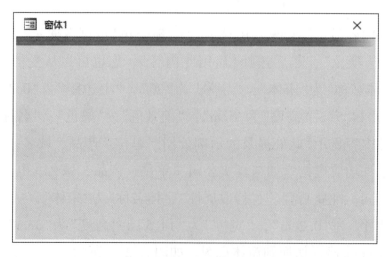

图 5-2-14　窗体视图

（3）在"主体"节区添加图像控件，修改属性"图片"为"公司图标.jpg"，"高度"为"3cm"，"宽度"为"3cm"，"上边距"为"0cm"，"下边距"为"0cm"。

（4）在主体节区添加两个标签控件。

第一个标签控件内容显示"罗斯文登录"，修改属性"字体名称"为"宋体"，"字号"为"24"，"上边距"为"0.3cm"，"左边距"为"3.5cm"，"前景色"为"#323232"。单击"排序"-"调整大小和排序"-"大小/空格"按钮，弹出下拉菜单，选择"正好容纳"选项。

第二个标签控件内容显示"此处提及的示例公司、单位、产品、域名、电子邮件地址、徽标、人员、地点和事件均属虚构。如与真实公司、单位、产品、域名、电子邮件地址、徽标、人员、地点或事件雷同，纯属巧合。"，修改属性"字体名称"为"宋体"，"字号"为"9"，"上边距"为"4cm"，"左边距"为"0.3cm"，"宽度"为"11cm"，"高度"为"2cm"，"前景色"为"#083772"。切换到窗体视图，如图5-2-15所示。

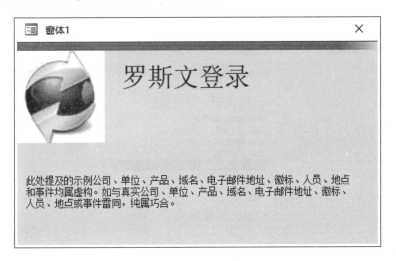

图 5-2-15　在"主体"节区添加图像和标签控件

（5）单击"表单设计"-"控件"-"组合框"按钮，选中"组合框"控件，如图5-2-16所示。

图 5-2-16　组合框控件

把鼠标指针移动到"主体"节区显示"罗斯文登录"的标签下单击，启动"组合框向导"对话框，选中"使用组合框获取其他表或查询中的值"单选按钮，如图5-2-17所示。

单击"下一步"按钮，打开设置数据源的界面，在"视图"单选按钮组中选择"查询"单选按钮，在列表框中选中"查询：员工扩展信息"，如图5-2-18所示。

单击"下一步"按钮，打开设置组合框所用字段的界面，把"ID""员工姓名""职务"字段从"可用字段"列表框添加到"选定字段"列表框，如图5-2-19所示。

单击"下一步"按钮，打开设置组合框列表中内容的排序次序的界面，设置按"员工姓名"升序排序，如图5-2-20所示。

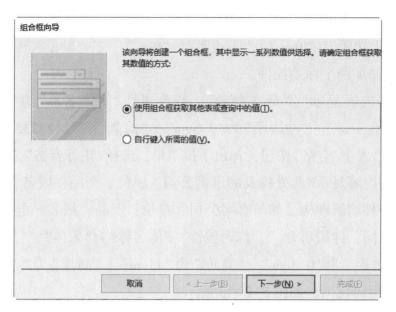

图 5-2-17　"组合框向导"对话框

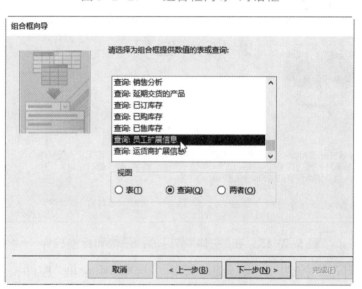

图 5-2-18　设置数据源

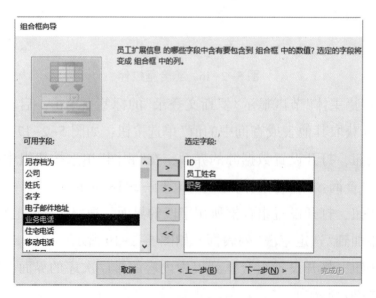

图 5-2-19　设置组合框所用字段

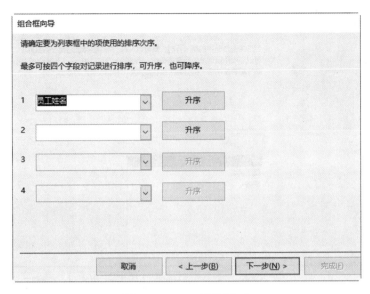

图 5-2-20　设置排序

单击"下一步"按钮，打开指定组合框中列的宽度的界面，把鼠标指针放到要调整的列标题后边界，鼠标指针呈左右箭头状，如图 5-2-21 所示，按下鼠标左键，左右拖曳可以调整列宽度。

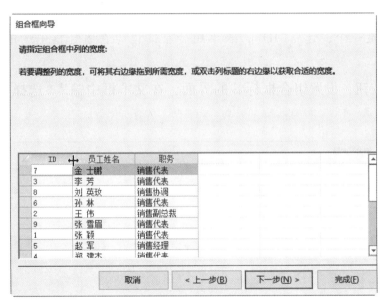

图 5-2-21　设置组合框各列宽度

提个醒

通过组合框的"列宽"属性也可以调整各列宽度。

单击"下一步"按钮，打开设置与组合框绑定字段的界面，选中"ID"字段，使组合框和"ID"字段的值绑定，如图 5-2-22 所示。

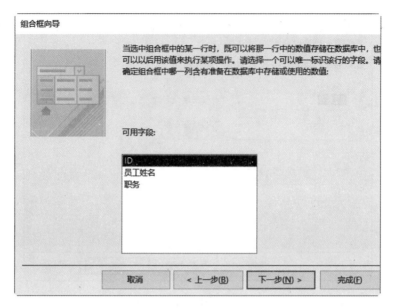

图 5-2-22　设置与组合框绑定字段

提个醒

图 5-2-22 表示添加的组合框下拉列表显示"ID""员工姓名""职务"3 列内容，但组合框的值只能是一个，选中"ID"，表示组合框的值为在组合框中选中的员工 ID。

单击"下一步"按钮，设置组合框标签的界面，在文本框中输入"选择员工："，如图 5-2-23 所示。

图 5-2-23　设置组合框标签

单击"完成"按钮，在"主体"节区添加一个组合框和一个标签，把鼠标指针放在组合框左上角的句柄(实心四方块)上，按下鼠标左键拖曳，调整组合框的位置，如图 5-2-24 所示。使用同样方法调整标签控件的位置，如图 5-2-25 所示。

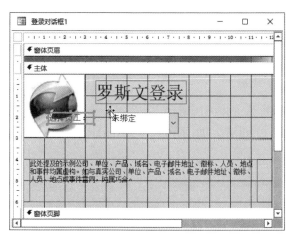
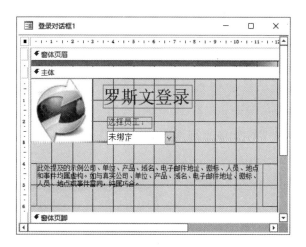

图 5-2-24 调整组合框的位置   图 5-2-25 调整标签的位置

提个醒

(1)在窗体设计视图添加组合框、文本框、列表框、复选框、选项组等控件时，系统会自动添加一个标签控件，提示控件所输入内容。这个标签控件和所添加的控件是绑定到一起的，如果删除了所添加的控件，标签控件自动随之删除，但删除标签控件，不会删除所添加的控件。

(2)通过拖曳移动所添加的组合框控件，自动添加的标签也随着移动；拖曳标签控件移动，组合框控件也随着移动。

(3)如果要移动某一个控件，另一个绑定的控件不动，有两种方法。

方法1：把光标放在控件左上角的句柄上拖曳。

方法2：设置控件的"左边距"和"上边距"属性。

选中组合框控件，打开"属性表"窗格，修改属性"列宽"为"0cm；2.5cm；2.5cm"，"名称"为"cboCurrentEmployee"，如图5-2-26所示。

图 5-2-26 设置组合框列宽和名称

提个醒

组合框列表可显示多列,各列宽度用分号(;)分隔。

切换到窗体视图,单击组合框下拉按钮,显示下拉列表,如图 5-2-27 所示。

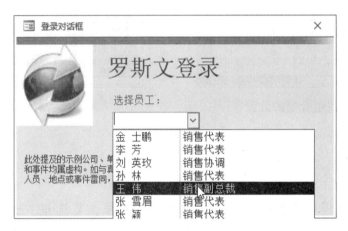

图 5-2-27　组合框下拉列表

(6)切换到窗体设计视图,单击"表单设计"-"控件"-"按钮"按钮,选中"按钮"控件,如图 5-2-28 所示。

图 5-2-28　选中"按钮"控件

把鼠标指针移动到"主体"节区组合框控件右边单击,启动"命令按钮向导"对话框,在"类别"列表框中选中"窗体操作",在"操作"列表框中选中"打开窗体",设置按下按钮时执行的操作如图 5-2-29 所示。

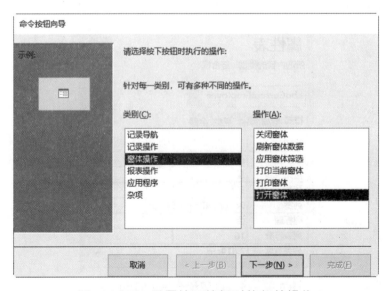

图 5-2-29　设置按下按钮时执行的操作

单击"下一步"按钮，打开"请确定命令按钮打开的窗体"界面，在列表框中选中"主页"，如图 5-2-30 所示。

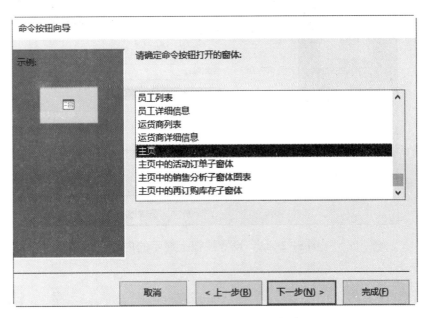

图 5-2-30　设置打开的窗体

单击"下一步"按钮，打开设置窗体要显示的数据的界面，选择"打开窗体并显示所有记录"单选按钮，如图 5-2-31 所示。

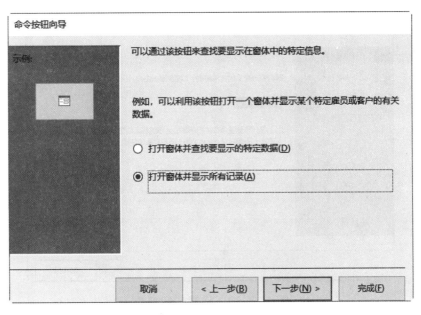

图 5-2-31　设置窗体要显示的数据

单击"下一步"按钮，打开设置按钮上显示内容的界面，选择"文本"单选按钮，在文本框中输入"登录(&L)"，如图 5-2-32 所示。

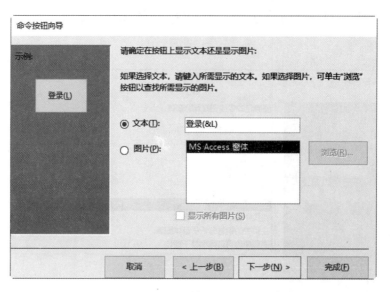

图 5-2-32　设置按钮上显示的内容

提个醒

设置按钮上显示内容时，如果字母前边加 & 符号，表示这个字母是按钮的快捷键。

单击"下一步"按钮，打开设置按钮名称的界面，使用默认值，如图 5-2-33 所示。

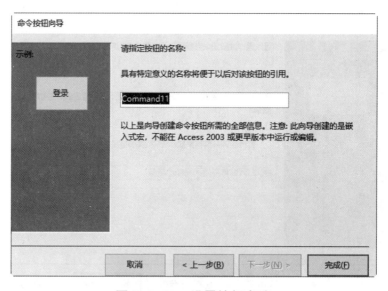

图 5-2-33　设置按钮名称

单击"完成"按钮，在"主体"节区添加了一个按钮，如图 5-2-34 所示。

通过按钮控件向导设置了按钮的操作，为了实现操作，系统会自动为按钮的"单击"事件添加嵌入的宏。选中按钮，打开"属性表"窗格，找到"单击"事件，内容自动有了"[嵌入的宏]"，如图 5-2-35 所示。

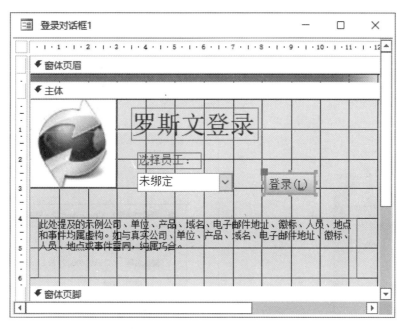

图 5-2-34　添加按钮

图 5-2-35　设置按钮的"单击"事件

单击右边的 <u>...</u> 按钮，打开宏设计窗口，系统自动加了一个"OpenForm"操作，单击下边的"添加新操作"组合框的下拉按钮，添加"SetTempVar"操作，如图 5-2-36 所示。

"SetTempVar"操作名称输入"CurrentUserID"，表达式为组合框控件的名称"［cboCurrent-Employee］"。再添加"CloseWindow"操作，"对象类型"选择"窗体"，"对象名称"选择"登录对话框"，如图 5-2-37 所示。

图 5-2-36 宏设计窗口

图 5-2-37 添加宏操作

提个醒

（1）"SetTempVar"操作用于创建临时变量，通过使用临时变量可以把一个数据从一个对象传递到其他对象。图 5-2-37 中的"SetTempVar"操作是创建一个临时变量，名称为"CurrentUserID"，变量的内容为组合框"cboCurrentEmployee"选中的值，将来会把这个值传递给其他窗体。

（2）"CloseWindow"操作用于关闭对象。图 5-2-37 中"CloseWindow"操作是关闭窗体"登录对话框"。

单击"宏设计"-"关闭"-"关闭"按钮，如图 5-2-38 所示，回到窗体设计视图，切换到窗体视图，如图 5-2-38 所示。

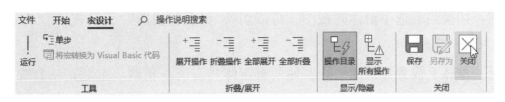

图 5-2-38　关闭宏设计视图

【学一学】

1. 控件介绍

控件是窗体上用于显示数据、执行操作、装饰窗体的对象，可以用来查看和处理数据。在窗体中添加的每一个对象都是控件。根据数据来源及属性的不同，可以将控件分为 3 种类型：绑定型控件、未绑定型控件和计算型控件。

（1）绑定型控件的数据源为表或查询中的字段，可用来输入、显示或更新数据库中字段的值，这些值可以是文本、日期、数字、是/否等类型。

（2）未绑定型控件没有数据源，用来显示提示信息、直线、矩形或图片等。

（3）计算型控件的数据源是表达式而不是字段。表达式可以是运算符、控件名称、字段名称、返回单个值的函数及常量值的组合。

例如，在窗体下使用文本框显示数据，使用命令按钮打开另一个窗体，使用线条或矩形来分隔与组织控件，以增强它们的可读性等。Access 包含的控件有：文本框、标签、选项组、复选框、切换按钮、组合框、列表框、命令按钮、图像控件、结合对象框、非结合对象框、子窗体/子报表、分页符、线条和矩形等，各种控件都可以在窗体设计视图窗口中的功能区中看到。

2. 容器类控件和控件类控件

容器类控件：可以放其他控件的控件，如选项组、选项卡等控件。

控件类控件：不能放其他控件的控件，如文本框、列表框、按钮、图像、复选框、标签等控件。

3. 窗体设计视图常用工具

窗体设计视图常用工具如图 5-2-39 和图 5-2-40 所示。

图 5-2-39　窗体设计视图常用工具一

图 5-2-40　窗体设计视图常用工具二

（1）视图：切换当前选中窗体的视图，可以切换为"窗体视图""设计视图""布局视图""数据表视图"。

（2）主题：整体上设置数据库系统，使所有窗体具有统一色调。主题是一套统一的设计元素和配色方案，为数据库系统的所有窗体页眉上的元素提供了一套完整的格式集合。利用主题，我们可以非常容易地创建具有专业水准，设计精美、美观时尚的数据库系统。

（3）控件：列出了可以在窗体上添加的常用控件。

（4）页眉/页脚：可以在"窗体页眉"或"窗体页脚"节区添加文本框、标签等控件显示标题、日期时间等。

（5）工具：显示或隐藏"添加现有字段""属性表""Tab 键顺序"等对话框。

4. 常用控件

（1）按钮控件。

在窗体中可以使用命令按钮来执行某项操作或某些操作，例如"确定""取消""关闭"。使用 Access 提供的命令按钮向导可以创建 30 多种不同类型的命令按钮。

（2）标签控件。

设置在窗体上显示的信息，一般用作标题、提示信息。

（3）组合框控件。

如果在窗体上输入的数据总是取自某个表或查询中的数据，或者取自某固定的数据，可以使用组合框或列表框控件来完成。这样既可以保证输入数据的正确，也可以提高数据的输入速度。例如，在输入教师基本信息时，政治面貌的值包括"党员""团员""群众""其他"，若将这些值放在组合框或列表框中，用户只需要通过单击鼠标就可以完成数据输入，这样不仅可以避免输入错误，还减少了汉字输入量。

组合框的列表是由多行数据组成，但平时只显示一行。需要选择其他数据时，可以单击右侧的向下箭头按钮。

（4）选项组控件。

选项组由一个组框及一组复选框、单选按钮或切换按钮组成，选项组可以使用户选择某一组确定的值变得十分容易，因为只要单击选项组中所需的值，就可以为字段选定数据值。在选项组中每次只能选择一个选项。

如果选项组结合到某一个字段，则只有组框架本身结合到此字段，而不是组框架内的复选框、单选按钮或切换按钮。选项组可以设置为表达式或非结合选项组，也可以在自定义对话框中使用非结合选项组来接受用户的输入，然后根据输入的内容来执行相应的操作。

【试一试】

（1）打开"罗斯文"数据库，使用设计视图创建窗体"kjlx1"，窗体的记录源为"员工表"，在窗体中添加组合框显示与编辑"城市"字段内容，添加选项组控件显示与编辑"职务"字段内容。

(2)打开"罗斯文"数据库,使用设计视图创建"主窗体"窗体,在窗体上添加4个按钮,分别完成打开"客户列表"窗体、打开"产品"表、打开"订单摘要"查询、关闭窗体的功能,如图5-2-41所示。

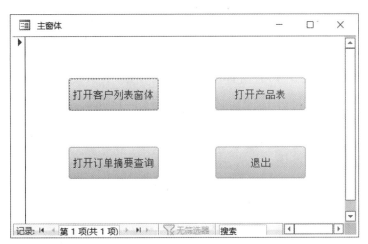

图5-2-41 "主窗体"窗体

【小本子】

总结本任务知识点,画出思维导图把它们串联起来。

任务三 创建主页窗体

【任务描述】

本任务将创建员工登录后进入的"主页"窗体,通过主页窗体,员工可以看到自己签订的活动订单,包括订单的状态、签订的日期、客户公司名称、订单的金额等,还可以打开其他窗体,例如"库存列表""订单列表"等窗体。通过完成本任务学习控件的常用属性、子窗体/子报表控件的使用。

【做一做】

1. 需求分析

需求:制作"主页"窗体。

分析:"主页"窗体显示的内容比较多,可以对显示的内容进行分类,同一类的使用子窗

体显示，这样首先创建 3 个子窗体。

"主页中的活动订单子窗体"，用于显示员工签订的活动订单的订单状态、订单日期、客户。

"主页中的销售分析子窗体"，用于显示员工签订订单的发货日期、金额。

"主页中的再订购库存子窗体"，用于显示需要再次订购产品的信息。

最后通过"主页"窗体把这 3 个子窗体显示出来，在"主页"窗体上还要添加组合框，切换显示的员工；添加按钮，用于打开其他窗体，如图 5-3-1 所示。

图 5-3-1 "主页"窗体

2. 创建"主页中的活动订单子窗体"

（1）打开"罗斯文"数据库，单击"创建"—"窗体"—"窗体设计"按钮，打开窗体的设计视图。单击"表单设计"—"工具"—"属性表"按钮，打开"属性表"窗格，选中"窗体"，单击"数据"选项卡中的"记录源"属性单元格，右边出现☑按钮和┉按钮，如图 5-3-2 所示。

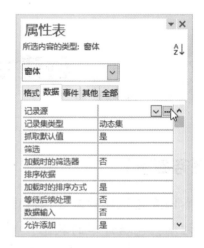

图 5-3-2 设置窗体记录源

提个醒

单击☑按钮列出数据库中所有的表和查询，从中可以选择窗体的记录源。

单击┉按钮，打开查询生成器，如图 5-3-3 所示。

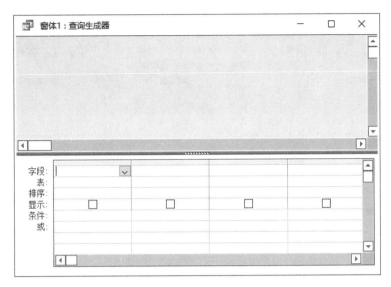

图 5-3-3　查询生成器

添加要查询的"客户"表、"订单"表、"订单价格总计"查询，选择添加"订单 ID""状态 ID""员工 ID""订单日期""公司""价格汇总"等字段，设置条件"状态 ID"字段值不等于 3，只显示活动订单，如图 5-3-4 所示。

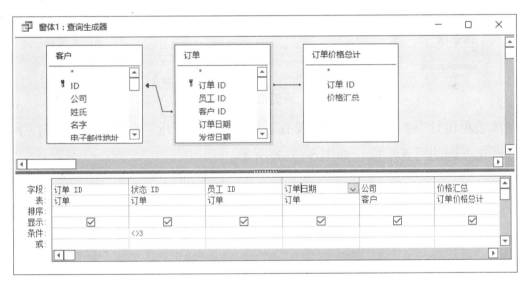

图 5-3-4　设计查询

提个醒

（1）窗体的记录源可以是表、查询和 SQL 语句。SQL 语句书写起来比较复杂，容易出错，查询生成器可以以图形化的形式协助我们生成 SQL 语句。

（2）查询生成器和创建查询时的查询设计视图操作是相同的。

单击"关闭"按钮，如图 5-3-5 所示，弹出"是否保存对 SQL 语句的更改并更新属性"对话框，如图 5-3-6 所示，单击"是"按钮，更新并保存生成的 SQL 语句。设置后的窗体记录源如图 5-3-7 所示。

图 5-3-5　关闭查询生成器

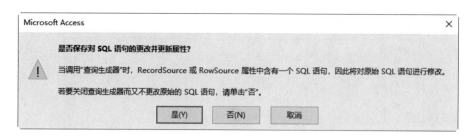

图 5-3-6　"是否保存对 SQL 语句的更改并更新属性"对话框

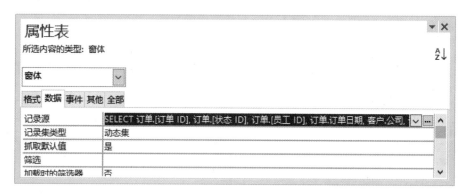

图 5-3-7　设置后的窗体记录源

（2）单击"表单设计"-"工具"-"添加现有字段"按钮，打开"字段列表"窗格，字段列表中列出了 SQL 语句查询的所有字段，如图 5-3-8 所示。

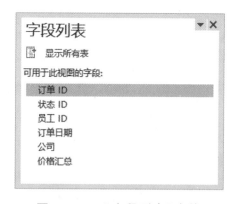

图 5-3-8　"字段列表"窗格

提个醒

　　如果窗体的记录源是表或查询，"字段列表"窗格列出的就是表或查询的所有字段。

　　（3）把鼠标指针放到"字段列表"窗格的"订单 ID"字段上，按下鼠标左键拖曳，拖曳到窗体设计视图的主体节区合适位置松开鼠标左键，在"主体"节区就添加了一个文本框控件和一个标签控件，如图 5-3-9 所示。

图 5-3-9　添加文本框控件和标签控件

🧑‍🏫 **提个醒**

从"字段列表"窗格拖曳字段到窗体设计视图的各节区中，自动添加控件并和拖曳字段绑定到一起，可以通过控件显示、添加、修改字段数据。拖曳字段数据类型不同，所添加的控件类型也可能不同。如果字段数据类型是短文本、日期/时间、数字类型，添加的是文本框控件；如果字段数据类型是是/否类型，添加的是复选框控件；如果字段数据类型是查阅向导，添加的控件是组合框控件。

(4)把"状态 ID""订单日期""公司""价格汇总"字段添加到"主体"节区，窗体设计视图如图 5-3-10 所示。

图 5-3-10　窗体设计视图

（5）修改窗体属性"默认视图"为"数据表"，切换到数据表视图，如图5-3-11所示。

图 5-3-11　窗体数据表视图

（6）单击"保存"按钮 🖫，保存窗体，窗体名为"主页中的活动订单子窗体"。

3. 创建"主页中的销售分析子窗体"

参照创建"主页中的活动订单子窗体"步骤创建"主页中的销售分析子窗体"。要求"记录源"为从"员工"表、"订单"表、"订单分类汇总"查询中查询当前年当前季度员工的订单信息。查询生成器如图5-3-12所示。

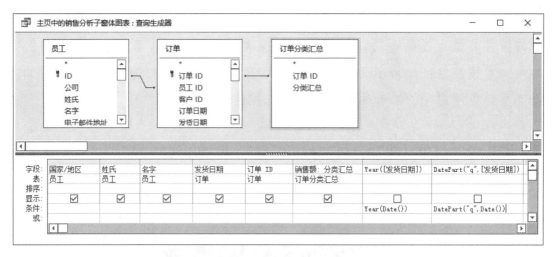

图 5-3-12　查询生成器

📖 提个醒

Date( )表示当前系统日期。

Year 函数用于返回一个日期的年份，Year(Date( ))表示当前年份。

DatePart 函数用于返回日期的一部分，DatePart("q"，Date( ))表示当前季度，"q"表示季度，也可以用"yyyy"表示年、"m"表示月、"d"表示日。例如 DatePart("1"，#2022-1-18#)结果为 1。

子窗体创建好后的数据表视图如图 5-3-13 所示。

图 5-3-13 "主页中的销售分析子窗体"数据表视图

4. 创建"主页中的再订购库存子窗体"

参照创建"主页中的活动订单子窗体"的步骤创建"主页中的再订购库存子窗体"。要求"记录源"为从"库存"查询中查询"当前水平"低于"再订购水平"的库存信息。查询生成器如图 5-3-14 所示。

子窗体创建好后的数据表视图如图 5-3-15 所示。

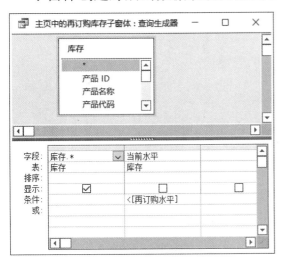

图 5-3-14 查询生成器　　　　图 5-3-15 "主页中的再订购库存子窗体"数据表视图

5. 创建"主页"窗体

(1) 单击"创建"-"窗体"-"窗体设计"按钮,打开窗体的设计视图。

(2) 右击"主体"节区空白位置,在快捷菜单中选择"窗体页眉/页脚"选项,在设计视图出现"窗体页眉"和"窗体页脚"节区。修改窗体属性"宽度"为"21cm","图片"为给定素材中的"主页背景.png"图片,"图片对齐方式"为"左上","图片缩放模式"为"水平拉伸","记录选择器"为"否","导航按钮"为"否","自动居中"为"是"。

修改"窗体页眉"节区属性"高度"为"1.9cm","背景色"为"#C7C5BC"。

修改"主体"节区属性"高度"为"11cm","背景色"为"#E7E7E2"。

修改"窗体页脚"节区属性"高度"为"0cm","背景色"为"#E7E7E2"。

在"窗体页眉"节区添加"图像"控件,修改属性"图片"为"公司图标.jpg","高度"为"1.5cm","宽度"为"1.5cm","上边距"为"0.2cm","下边距"为"0.6cm"。

（3）在"窗体页眉"节区添加"标签"控件，内容显示"罗斯文贸易"，修改属性"字体名称"为"宋体"，"字号"为"20"，"上边距"为"0.1cm"，"左边距"为"3cm"，"前景色"为"#FFFFFF"。单击"排序"-"调整大小和排序"-"大小/空格"按钮，弹出下拉菜单，选择"正好容纳"选项。切换到窗体视图，如图5-3-16所示。

图5-3-16　窗体视图

（4）取消"使用控件向导"，在"窗体页眉"节区中添加"组合框"控件，设置附加的标签控件内容显示"当前用户："，修改属性"字体名称"为"宋体"，"字号"为"9"，"上边距"为"1.2cm"，"左边距"为"4.5cm"，"前景色"为"#FFFFFF"。

修改"组合框"控件属性，"名称"为"cboCurrentEmployee"。在"属性表"窗格"数据"选项卡中设置"行来源类型"为"表/查询"。从"员工扩展信息"查询中选择"ID""员工姓名""职务"字段作为"行来源"，可以通过查询生成器设置，如图5-3-17所示。

设置"绑定列"为"1"，"默认值"为"=［TempVars］！［CurrentUserID］"。在"格式"选项卡中设置"列数"为"3"，"列宽"为"0cm；2.501cm；2.501cm"，"宽度"为"5"，"高度"为"0.501"，"上

图5-3-17　查询生成器

边距"为"1.199cm","左边距"为"7.501cm"。如图 5-3-18 和图 5-3-19 所示。

图 5-3-18 "数据"选项卡　　　　　　　图 5-3-19 "格式"选项卡

提个醒

（1）设置属性值时，如果属性值是某个变量值或由常量、变量、函数等组成的表达式，前边要加等号（=）。

（2）在表达式中使用变量或字段名时要用中括号（[ ]）扩起来。

（3）默认值为"[TempVars]！[CurrentUserID]"表示窗体启动时组合框首先显示变量集中"CurrentUserID"变量的值，"CurrentUserID"变量在"登录对话框"窗体创建。

切换到窗体视图，如图 5-3-20 所示。

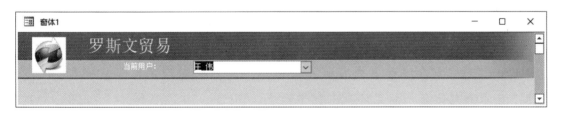

图 5-3-20 添加组合框后的窗体视图

提个醒

使用控件向导添加控件，设置控件属性和手动操作效果相同，但手动添加控件设置属性应用更灵活。

（5）切换到窗体设计视图，取消"使用控件向导"，在"主体"节区添加子窗体/子报表控件，如图 5-3-21 所示。

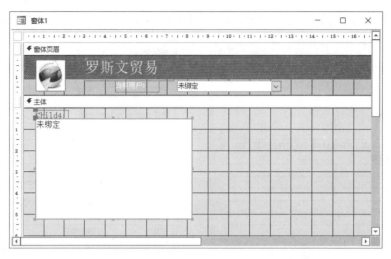

图 5-3-21　添加子窗体/子报表控件

设置附加的标签内容为"活动订单"。修改属性"字体名称"为"宋体"，"字号"为"9"，"上边距"为"0.4cm"，"左边距"为"0.3cm"，"前景色"为"#CF5216"。

修改添加的子窗体/子报表控件属性"名称"为"sbfActiveOrders"，"上边距"为"0.9cm"，"左边距"为"0.3cm"，"宽度"为"9.5cm"，"高度"为"5.6cm"，"源对象"为"主页中的活动订

图 5-3-22　子窗体/子报表控件的"属性表"窗格

单子窗体"，"链接主字段"为"cboCurrentEmployee"，"链接子字段"为"员工 ID"。"属性表"窗格如图 5-3-22 所示。

提个醒

"链接主字段"为主窗体的 cboCurrentEmployee 组合框，"链接子字段"为子窗体的"员工 ID"，实现当组合框改变内容时，子窗体中显示相对应的信息。例如，组合框选中"赵军"时，子窗体显示赵军的活动订单信息。

切换到窗体视图，如图 5-3-23 所示。

(6)切换到窗体设计视图，取消"使用控件向导"，在"主体"节区添加第二个子窗体/子报表控件。

设置附加的标签内容为"在订购的库存"。修改属性"字体名称"为"宋体"，"字号"为"9"，"上边距"为"0.4cm"，"左边距"为"10.3cm"，"前景色"为"#CF5216"。

修改添加的子窗体/子报表控件属性"名称"为"sbfInventoryToReorder"，"上边距"为"0.9cm"，"左边距"为"10.3cm"，"宽度"为"5cm"，"高度"为"5.6cm"，"源对象"为"主页中的再订购库存子窗体"。

图5-3-23　添加子窗体/子报表控件后的窗体视图

（7）在"主体"节区添加第三个"子窗体/子报表"控件。

单击选中添加的附加标签控件，按"Delete"键删除。修改添加的子窗体/子报表控件属性"名称"为"sbfSalesPivot"，"上边距"为"6.9cm"，"左边距"为"0.3cm"，"宽度"为"20cm"，"高度"为"3.2cm"，"源对象"为"主页中的销售分析子窗体"。

切换到窗体视图，如图5-3-24所示。

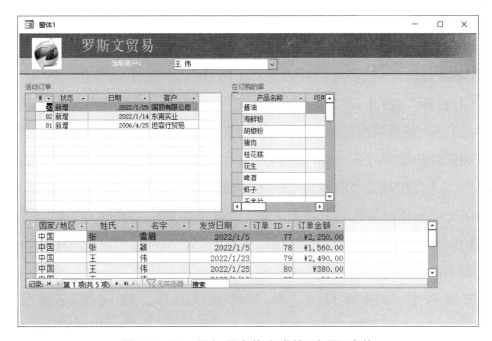

图5-3-24　添加子窗体完成的"主页"窗体

（8）切换到窗体设计视图，在"主体"节区添加标签控件，内容为"快速链接"。修改属性"字体名称"为"宋体"，"字号"为"9"，"上边距"为"0.4cm"，"左边距"为"15.7cm"，"前景色"为"#CF5216"，"边框样式"为"透明"。

在"主体"节区添加矩形控件，修改属性"上边距"为"0.9cm"，"左边距"为"15.7cm"，"边框颜色"为"#C0C0C0"，"背景色"为"#FFFFFF"，"宽度"为"4.6cm"，"高度"为"5.6cm"。

(9)选中"使用控件向导",在"主体"节区的矩形控件上添加8个按钮控件,分别设置如下。

第一个按钮控件功能为打开"库存列表"窗体,修改按钮属性"名称"为"cmdViewInventory","背景样式"为"透明","前景色"为"#CF5216","悬停颜色"为"#CF5216","按下颜色"为"#CF5216","悬停前景色"为"#CF5216","按下前景色"为"#CF5216","字号"为"9","上边距"为"1.2cm","左边距"为"16.5cm","宽度"为"5cm","高度"为"0.6cm","标题"为"查看库存(&I)","对齐"为"左"。

第二个按钮控件功能为打开"订单列表"窗体,修改按钮属性"名称"为"cmdViewOrders","背景样式"为"透明","前景色"为"#CF5216","悬停颜色"为"#CF5216","按下颜色"为"#CF5216","悬停前景色"为"#CF5216","按下前景色"为"#CF5216","字号"为"9","上边距"为"1.8cm","左边距"为"16.5cm","宽度"为"5cm","高度"为"0.6cm","标题"为"查看订单(&O)","对齐"为"左"。

第三个按钮控件功能为打开"客户列表"窗体,修改按钮属性"名称"为"cmdViewCustomers","背景样式"为"透明","前景色"为"#CF5216","悬停颜色"为"#CF5216","按下颜色"为"#CF5216","悬停前景色"为"#CF5216","按下前景色"为"#CF5216","字号"为"9","上边距"为"2.4cm","左边距"为"16.5cm","宽度"为"5cm","高度"为"0.6cm","标题"为"查看客户(&C)","对齐"为"左"。

第四个按钮控件功能为打开"采购订单列表"窗体,修改按钮属性"名称"为"cmdViewPurchaseOrders","背景样式"为"透明","前景色"为"#CF5216","悬停颜色"为"#CF5216","按下颜色"为"#CF5216","悬停前景色"为"#CF5216","按下前景色"为"#CF5216","字号"为"9","上边距"为"3cm","左边距"为"16.5cm","宽度"为"5cm","高度"为"0.6cm","标题"为"查看采购订单(&V)","对齐"为"左"。

第五个按钮控件功能为打开"供应商列表"窗体,修改按钮属性"名称"为"cmdViewSuppliers","背景样式"为"透明","前景色"为"#CF5216","悬停颜色"为"#CF5216","按下颜色"为"#CF5216","悬停前景色"为"#CF5216","按下前景色"为"#CF5216","字号"为"9","上边距"为"3.6cm","左边距"为"16.5cm","宽度"为"5cm","高度"为"0.6cm","标题"为"查看供应商(&W)","对齐"为"左"。

第六个按钮控件功能为打开"员工列表"窗体,修改按钮属性"名称"为"cmdViewEmployees","背景样式"为"透明","前景色"为"#CF5216","悬停颜色"为"#CF5216","按下颜色"为"#CF5216","悬停前景色"为"#CF5216","按下前景色"为"#CF5216","字号"为"9","上边距"为"4.2cm","左边距"为"16.5cm","宽度"为"5cm","高度"为"0.6cm","标题"为"查看员工(&E)","对齐"为"左"。

第七个按钮控件功能为打开"运货商列表"窗体,修改按钮属性"名称"为"cmdViewShippers","背景样式"为"透明","前景色"为"#CF5216","悬停颜色"为"#CF5216","按下颜色"为"#CF5216","悬停前景色"为"#CF5216","按下前景色"为"#CF5216","字号"为"9",

"上边距"为"4.8cm"，"左边距"为"16.5cm"，"宽度"为"5cm"，"高度"为"0.6cm"，"标题"为"查看运货商(&S)"，"对齐"为"左"。

第八个按钮控件功能为打开"销售报表对话框"窗体，修改按钮属性"名称"为"cmdSales-Reports"，"背景样式"为"透明"，"前景色"为"#CF5216"，"悬停颜色"为"#CF5216"，"按下颜色"为"#CF5216"，"悬停前景色"为"#CF5216"，"按下前景色"为"#CF5216"，"字号"为"9"，"上边距"为"5.4cm"，"左边距"为"16.5cm"，"宽度"为"5cm"，"高度"为"0.6cm"，"标题"为"销售报表(&R)"。

切换到窗体视图，如图5-3-1所示。

(10)单击"保存"按钮 ，弹出"另存为"对话框，输入窗体名称"主页"，单击"确定"按钮，保存完成。

【学一学】

1. 文本框控件

文本框主要用来输入或编辑字段数据，它是一种交互式控件。文本框分为3种类型：结合型、非结合型与计算型。综合型文本框能够从表、查询或SQL语言中获得所需要的内容；非结合型文本框并没有链接到某一字段，一般用来显示提示信息或接收用户输入数据等；在计算型文本框中，可以显示表达式的结果，当表达式发生变化时，数值就会被重新计算。

2. 选项卡控件

设计的程序越来越复杂，界面上的控件数量也会随之越来越多。由于包含控件太多，可能导致一个窗体无法在屏幕上完全显示，用户不得不使用垂直滚动条来移动到窗体的不同部分。这样既不便于用户操作也会影响界面显示速度。这时就要考虑如何设计多页窗体或者运用选项卡控件了。大家熟悉的"属性表"窗格就是一个选项卡窗体。

当窗体中的内容较多无法在一页全部显示时，可以使用选项卡来进行分页，用户只需要单击选项卡上的标签，就可以进行页面的切换。

【试一试】

打开"罗斯文"数据库，创建窗体"ctlx2"，在窗体中添加结合型文本框用于显示与编辑"产品"表中的"产品代码""产品名称"等字段的内容。

【小本子】

总结本任务知识点，画出思维导图把它们串联起来。

PROJECT 6

项目 6

应用系统实现

【知识导引】

在很多情况下，我们需要对数据库进行大量重复的操作，这时就需要用到一个简单的方法来实现这种大量重复的操作。在 Access 中实现自动处理有两种方法：宏和 VBA 模块。本项目只讨论宏。宏是由一个或多个操作组成的集合，其中每个操作均能实现特定的功能。本项目学习如何使用宏及通过使用宏自动执行重复任务，方便快捷地操作 Access 数据库系统。

本项目将完成有关宏的学习与实训。通过本项目的学习，将实现以下主要目标。

(1) 了解有关宏的知识。

(2) 学会创建宏、宏组与条件宏。

(3) 能够利用宏来完善系统，实现功能。

任务一 自动运行登录对话框

【任务描述】

通过实现自动运行登录对话框，掌握有关宏的基础知识及创建宏与运行宏的方法。

【做一做】

需求：创建一个"AutoExec"宏，启动数据库时判断当前项目是否受信任，根据实际情况自动运行窗体"登录屏幕"或窗体"登录对话框"，受信任时的完成效果如图 6-1-1 所示，不被信任时的完成效果如图 6-1-2 所示。

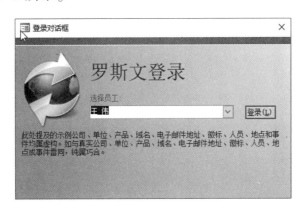

图 6-1-1　受信任时的完成效果

图 6-1-2　不被信任时的完成效果

分析：本任务涉及的主要问题和解决方法如下。

（1）打开数据库，找到创建宏选项的工具。

（2）创建新宏并按照要求对宏进行设置。

（3）保存并运行宏。

操作步骤如下。

（1）打开"罗斯文"数据库，单击"创建"选项卡，找到"宏与代码"按钮组，如图6-1-3所示。

图6-1-3　创建宏

（2）单击图6-1-3中"宏"按钮，打开宏设计视图，如图6-1-4所示。

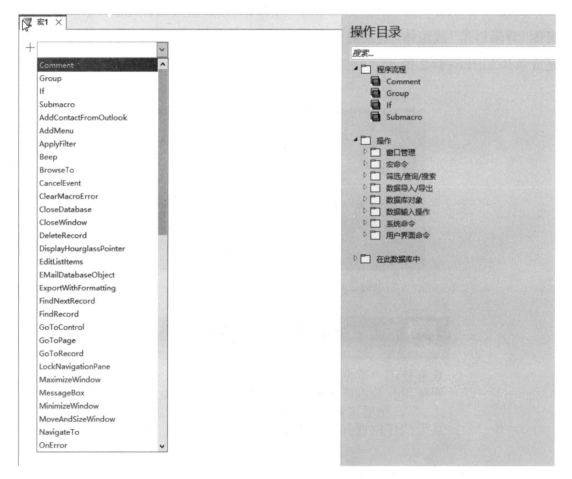

图6-1-4　宏设计视图

单击"添加新操作"下拉按钮，弹出操作列表，选择"SetDisplayedCategories"（显示类别）操作，如图6-1-5所示。

（3）设置"SetDisplayedCategories"操作的运行参数。单击"显示"下拉按钮，选择"是"，单击"类别"下拉按钮，选择"罗斯文贸易"，此操作可以使"罗斯文贸易"这一类别在导航窗格标题栏中的"浏览类别"下显示，如图6-1-6所示。

图 6-1-5　选择"SetDisplayedCategories"操作　　图 6-1-6　设置"SetDisplayedCategories"操作的运行参数

（4）继续单击"添加新操作"下拉按钮，弹出操作列表，用同样的方法选择条件"If"操作，如图 6-1-7 所示。

（5）单击"If"设置条件表达式"Not［CurrentProject］.［IsTrusted］"，意为当前环境不受信任时执行该条件下的"Then"语句，如图 6-1-8 所示。

图 6-1-7　"If"操作　　　　　　图 6-1-8　设置"If"操作条件

（6）单击"Then"设置执行操作打开窗体的"OpenForm"操作，单击"窗体名称"下拉按钮，弹出数据库中所有窗体，选择"启动屏幕"窗体，如图6-1-9所示。

图6-1-9　设置"Then"执行操作

（7）单击"End If"下"添加新操作"下拉按钮，用同样的方法设置另一个条件，即当前环境受信任时执行打开窗体"登录对话框"执行操作，如图6-1-10所示。

（8）单击左上角"保存"按钮，在弹出的"另存为"对话框中将宏名称改为"AutoExec"，如图6-1-11所示。

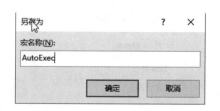

图6-1-10　设置打开窗体"登录对话框"执行操作　　　　图6-1-11　保存宏

(9) 单击"运行"按钮运行该宏，如图 6-1-12 所示。

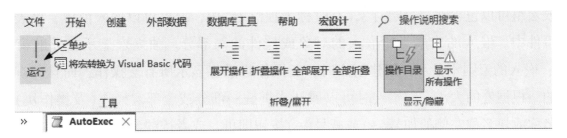

图 6-1-12　运行宏

提个醒

创建完宏单击"运行"按钮前一定要保存宏才能运行宏，将宏名改为"AutoExec"才可以将宏设为启动数据库后自动运行。

【学一学】

1. 宏

Access 预先定义好了多种操作(指令)以实现特定的操作或功能，这些指令称为宏指令。用户组织使用宏指令的 Access 对象就是宏。宏是一系列操作的集合，每个操作都自动完成特定的功能。在 Access 中，宏并不能单独执行，必须有一个触发器。而这个触发器通常由窗体、报表及其中控件的各种事件来担任。

2. 宏的作用

(1) 可以替代用户执行重复的任务，节约用户的时间。

(2) 可以使数据库中的各个对象联系得更加紧密。

(3) 可以显示警告信息窗口。

(4) 可以为窗体制作菜单，为菜单指定某些操作。

(5) 可以把筛选程序加到记录中，提高记录的查找速度。

(6) 可以实现数据在应用程序之间的传送。

宏可以独立存在，但通常是和命令按钮、文本框窗体和报表中控件一起出现，用来自动执行任务的一个操作或一组操作。

3. 宏名

每个宏都有一个名称，运行宏是通过宏名确定。对于宏组，每个宏组有一个宏组名，宏组中每个子宏都有子宏名，每个子宏都是可以独立运行的，调用宏组的方法是：宏组名 . 子宏名。

4. 参数

参数是一个值，它向操作提供信息，例如，要在消息框中显示的字符串、要操作的控件等。有些参数是必需的，有些参数是可选的。参数在操作名称下设置。

5. 创建宏

宏或宏组可以包含在一个宏对象(有时称为独立宏)中,宏也可以嵌入窗体、报表或控件的任何事件中。嵌入的宏成为所嵌入的对象或控件的一部分。独立宏显示在导航窗格中的"宏"下;嵌入的宏则不显示。创建新宏时,宏操作目录将显示所有宏操作,而且所有参数都是可见的。根据宏的大小,编辑宏时可以展开或折叠一部分或全部宏操作(及操作块),只需单击宏名称或块名称左侧的加号(+)或减号(−)按钮即可,或者按键盘上的"↑"键或"↓"键选择操作块,然后按"←"键或"→"键折叠或展开它;也可在"设计"选项卡上的"折叠/展开"组中单击"展开操作"或"折叠操作"。其中不同的宏命令其结构各有不同,大多数宏操作都至少需要一个参数。

6. 操作流程说明

(1)Comment:可用于在宏中提供说明性注释。

(2)Group:使用户能够指定宏中可以展开或折叠的操作块。

(3)If:可以使用 If 宏程序模块,根据表达式的值有条件地执行一组操作。

(4)Submacro:在"宏设计器"窗口中定义单独的宏。

7. 操作命令说明

(1)窗口管理。

CloseWindow:关闭指定的窗口,如果无指定的窗口,则关闭激活的窗口。

MaximizeWindow:最大化激活窗口,使它充满 Microsoft Access 窗口。

MinimizeWindow:最小化激活窗口,使它成为 Microsoft Access 窗口底部的标题栏。

MoveAndSizeWindow:移动并调整激活窗口。如果不使用参数,则 Microsoft Access 使用当前设置。

RestoreWindow:将最大化或最小化窗口还原到原来的大小。此操作一直会影响到激活的窗口。

(2)宏命令。

CancelEvent:取消导致该宏(包括该操作)运行的 Microsoft Access 事件。例如,如果 BeforeUpdate 事件使一个验证宏运行并且验证失败,使用这个操作可取消数据更新。

ClearMacroError:清除 MacroError 对象中的上一错误。

OnError:定义错误处理行为。

RemoveAllTempVars:删除所有临时变量。

RemoveTempVar:删除一个临时变量。

RunCode:执行 Visual Basic Function 过程。若要执行 Sub 过程或事件过程,请创建调用 Sub 过程或事件过程的 Function 过程。

RunDataMacro:运行数据宏。

RunMacro:执行一个宏。可用该操作从其他宏中执行宏、重复宏,基于某一条件执行宏,或将宏附加于自定义菜单命令。

RunMenuCommand：执行 Microsoft Access 菜单命令。当宏运行该命令时，此命令必须适用于当前的视图。

SetLocalVar：将本地变量设置为给定值。

SetTempVar：将临时变量设置为给定值。

SingleStep：暂停宏的执行并打开"单步执行宏"对话框。

StopAllmacros：终止所有正在运行的宏。如果回应和系统消息的显示被关闭，此操作也会将它们都打开。在符合某一出错条件时，可使用这个操作来终止所有的宏。

StopMacro：终止当前正在运行的宏。如果回应和系统消息的显示被关闭，此操作也会将它们都打开。在符合某一条件时，可使用这个操作来终止一个宏。

（3）筛选、查询、搜索。

ApplyFilter：在表、窗体或报表中应用筛选、查询或 SQL WHERE 子句可限制或排序来自表中的记录，或来自窗体、报表的基本表或查询中的记录。

FindNextRecord：查找符合最近的 FindRecord 操作或"查找"对话框中指定条件的下一条记录。使用此操作可移动到符合同一条件的记录。

FindRecord：查找符合指定条件的第一条或下一条记录，记录能在激活的窗体或数据表中查找。

OpenQuery：打开选择查询或交叉表查询，或者执行动作查询。查询可在数据表视图、设计视图或打印预览视图中打开。

Refresh：刷新视图中的记录。

RefreshRecord：刷新当前记录。

RemoveFilterSort：删除当前筛选。

Requery：在激活的对象上实施指定控件的重新查询；如果未指定控件，则实施对象的重新查询。如果指定的控件不基于表或查询，则该操作将使控件重新计算。

SearchForRecord：基于某个条件在对象中搜索记录。

SetFilter：在表、窗体或报表中应用筛选、查询或 SQL WHERE 子句可限制或排序来自表中的记录，或来自窗体、报表的基本表或查询中的记录。

SetOrderBy：对表中的记录或看、来自窗体、报表的基本表或查询中的记录应用排序。

ShowAllRecords：从激活的表、查询或窗体中删除所有已应用的筛选。可显示表或结果集中的所有记录，或显示窗体的基本表或查询中的所有记录。

（4）数据导入、导出。

AddContactFromOutlook：添加自 Outlook 的联系人。

EmailDatabaseObject：将指定的数据库对象包含在电子邮件消息中，对象在其中可以查看和转发。可以将对象发送到任一使用 Microsoft MAPI 标准接口的电子邮件应用程序中。

ExportWithFormatting：将指定数据库对象中的数据输出为 Microsoft Excel（.xls）、格式文本（.rtf）、MS-DOS 文本（.txt）、HTML（.html）、快照（.snp）格式。注：HTML 是超文本标记语

言(Hypertext Markup Language)的略写。

　　SaveAsOutlookContact：将当前记录另存为 Outlook 联系人。

　　WordMailMerge：执行"邮件合并"操作。

　　(5)数据库对象。

　　GoToControl：将焦点移到激活数据表或窗体上指定的字段或控件上。

　　GoToPage：将焦点移到激活窗体指定页的第一个控件。

　　GoToRecord：在表、窗体或查询结果集中的指定记录成为当前记录。

　　OpenForm：在窗体视图、设计视图、打印预览视图或数据表视图中打开窗体。

　　OpenReport：在设计视图或打印预览视图中打开报表，或立即打印该报表。

　　OpenTable：在数据表视图、设计视图或打印预览视图中打开表。

　　PrintObject：打印当前对象。

　　PrintPreview：当前对象的打印预览。

　　RepaintObject：在指定对象上完成所有未完成的屏幕更新或控件的重新计算；如果未指定对象，则在激活的对象上完成这些操作。

　　SelectObject：选择指定的数据库对象，然后可以对此对象进行某些操作。如果对象未在 Access 窗口中打开，在导航窗格中选中它。

　　SetProperty：设置控件属性。

　　(6)数据输入操作。

　　DeleteRecord：删除当前记录。

　　EditListltems：编辑查阅列表中的项。

　　SaveRecord：保存当前记录。

　　(7)系统命令。

　　Beep：使计算机发出嘟嘟声。使用此操作可表示错误情况或重要的可视性变化。

　　CloseDatabase：关闭当前数据库。

　　DisplayHourglassPointer：当执行宏时，将正常鼠标指针变为沙漏形状(或用户所选定的其他图标)。宏完成后会恢复正常鼠标指针。

　　QuitAccess：退出 Microsoft Access。可从几种保存选项中选择一种。

　　(8)用户界面命令。

　　AddMenu：为窗体或报表将菜单添加到自定义菜单栏，菜单栏中的每个菜单都需要一个独立的 AddMenu 操作。同样，为窗体、窗体控件或报表添加自定义快捷菜单，以及为所有的 Microsoft Access窗口添加全局菜单栏或全局快捷菜单，也都需要一个独立的 AddMenu 操作。

　　BrowseTo：将子窗体的加载对象更改为子窗体控件。

　　LockNavigationPane：用于锁定或解除锁定导航窗格。

　　MessageBox：显示含有警告或提示消息的消息框。常用于当验证失败时显示一条消息。

NavigateTo：定位到指定的导航窗格组和类别。

Redo：重复最近的用户操作。

SetDisplayCategories：用于指定要在导航窗格中显示的类别。

SetMenuItem：为激活窗口设置自定义菜单（包括全局菜单）上菜单项的状态（启用或禁用、选中或不选中）。仅适用于菜单栏宏所创建的自定义菜单。

UndoRecord：撤销最近的用户操作。

8. AutoExec 宏

AutoExec 宏也叫"自动运行宏"，它可以创建打开数据库时自动运行的特殊宏。可以执行如打开数据输入窗体、显示消息框提示用户输入、发出表示欢迎的声音等操作。一个数据库只能有一个名为 AutoExec 的宏。

9. 宏的分类

按照创建宏时打开宏设计视图的方法来分类，宏可以分为三类。

（1）独立宏：独立宏是独立的对象，它独立于窗体、报表等对象之外。独立宏在导航窗格中可见。

（2）嵌入宏：嵌入宏与独立宏正好相反，它嵌入窗体、报表和控件对象的事件中。嵌入宏是所嵌入的对象和控件的一部分。嵌入宏在导航窗格中不可见。

（3）数据宏：建立在数据表对象上的宏。

10. 运行宏

（1）在宏设计窗口运行宏：如果希望在宏设计窗口直接运行宏，可以在导航窗格中选择要运行的宏，右击鼠标，在快捷菜单中选择"运行"。或者以设计视图方式打开要运行的宏，在"创建"选项卡的"宏与代码"组中单击"宏"按钮，打开宏设计窗口，单击"工具"组中的"运行"按钮，都可直接运行宏。

（2）在子宏中运行宏：要把宏作为窗体或报表中的事件属性设置，或作为 RunMacro（运行宏）操作中的 Macro Name（宏名）说明，可以用［子宏名 . 宏名］格式指定宏。

（3）从控件中运行宏：如果希望从窗体、报表或控件中运行宏，只需单击设计窗口中的相应控件，在相应的"属性表"窗格中选择"事件"选项卡的对应事件，然后在下拉列表框中选择当前数据库中的相应宏。这样在事件发生时，就会自动执行所设定的宏。例如，建立一个宏，执行操作 Quit，将某一窗体中的命令按钮的单击事件设置为执行这个宏，则当在窗体中单击按钮时，将退出 Access。

（4）创建运行宏的命令按钮。

我们可以将所要运行的宏在窗体中创建成命令按钮，从而在该窗体中单击命令按钮运行宏。操作步骤如下。

①在设计视图中打开窗体。

②如果功能区的"控件向导"按钮为开户状态，请单击此按钮将其关闭。

③在功能区单击"命令按钮"按钮。

④在窗体中单击要放置命令按钮的位置。

⑤确保选定了命令按钮，然后在功能区单击"属性"按钮来打开命令按钮"属性表"窗格。

⑥在"单击"属性单元格中，输入单击此按钮时要执行的宏或事件过程的名称，或单击"生成器"按钮使用宏生成器或代码生成器。

⑦如果要在命令按钮上显示文字，请在窗体的"标题"属性单元格中输入相应的文本。如果在窗体的按钮上不使用文本，可以用图片代替。

【试一试】

（1）运行数据库时，使名为"员工列表"的窗体自动打开。

（2）新建名为"退出"的宏，运行后，自动退出"罗斯文"数据库。

【小本子】

以宏基本知识为关键词，从宏的作用、分类等几个方面，对宏的基本知识做归纳总结，并画出思维导图。

任务二 完善员工信息窗体

【任务描述】

宏是一个或者多个操作的集合，其中每一个操作完成特定的功能。在数据库操作时需要很多宏，如果有多个宏相关，例如用于一个窗体，可以将这些宏建立为宏组以方便宏的管理和维护。简单地说，宏是操作的集合，宏组是宏的集合。利用宏组完善"员工信息"窗体，是本任务要学习的内容。

【做一做】

需求：创建一个窗体，在上面添加4个命令按钮，每个命令按钮的功能均通过宏组中的子宏实现，即打开"员工"表、打开"员工详细信息"窗体、"员工通讯录"报表和"员工扩展信息"查询。

分析：本任务中涉及的主要问题和解决方法如下

(1)回顾有关窗体的相关知识。

(2)学会"Submacro"（创建宏组）操作。

(3)学会使用打开表（OpenTable）宏、打开窗体（OpenForm）宏、打开报表（OpenReport）宏、打开查询（OpenQuery）宏。

操作步骤如下。

(1)打开"罗斯文"数据库。

(2)单击"创建"选项卡"宏与代码"组中的"宏"按钮，如图6-2-1所示。

图6-2-1 单击"宏"按钮

(3)在"添加操作"下拉列表框中选择"Submacro"，创建宏组如图6-2-2所示。

(4)将子宏1命名为"打开员工表"，在"添加操作"下拉列表框中选择"OpenTable"，按照图6-2-3所示添加内容，从而使该子宏可以打开"员工"表。

图6-2-2 创建宏组   图6-2-3 创建子宏打开"员工"表

提个醒

继续添加新操作仍然属于刚才创建的子宏，而不是新建另一个子宏。

---

(5)右击子宏"OpenTable"后弹出快捷菜单，选择"生成子宏程序块"，如图6-2-4所示。

(6)按以上步骤，生成打开"员工详细信息"窗体的子宏。将子宏2命名为"打开员工详细信息窗体"，在"添加操作"下拉列表框中选择"OpenForm"，按照图6-2-5所示添加内容，从而使该子宏可以打开"员工详细信息"窗体。

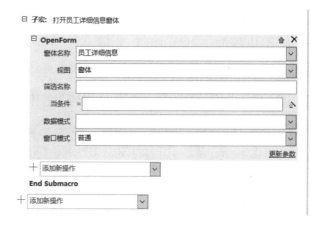

图 6-2-4　选择"生成子宏程序块"　　　　图 6-2-5　创建子宏打开"员工详细信息"窗体

（7）重复同样步骤，继续添加子宏程序块，将子宏 3 命名为"打开员工通讯录报表"，在"添加操作"下拉列表框中选择"OpenReport"，按照图 6-2-6 所示添加内容，从而使该子宏可以打开"员工通讯录"报表。

图 6-2-6　创建子宏打开"员工通讯录"报表

（8）重复同样步骤，继续添加子宏程序块。将子宏 4 命名为"打开员工扩展信息查询"，在"添加操作"下拉列表框中选择"OpenQuery"，按照图 6-2-7 所示添加内容，从而使该子宏可以打开"员工扩展信息"查询。

图 6-2-7　创建子宏打开"员工扩展信息"查询

(9)保存宏，将宏名改为"员工信息"，如图 6-2-8 所示。

图 6-2-8 保存宏

提个醒

如果直接在宏列表中打开名为"员工信息"的宏组，则第一个子宏"打开员工表"会运行，而后面的 3 个子宏不会运行。

(10)新建窗体，并添加 4 个按钮，弹出"属性表"窗格直接关闭即可，后面步骤再对按钮的具体功能进行设置。将 4 个按钮的名称分别设置为"员工表""员工详细信息""员工通讯录""员工扩展信息"，如图 6-2-9 所示。

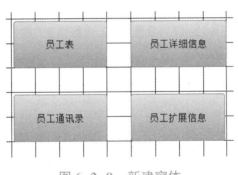

图 6-2-9 新建窗体

(11)单击"员工表"按钮，在右侧"属性表"窗格中选择"事件"选项卡，单击"单击"属性单元格右侧下拉按钮☑，选择"员工信息.打开员工表"，如图 6-2-10 所示。

图 6-2-10 设置"员工表"按钮

（12）单击"员工详细信息"按钮，在右侧"属性表"窗格中选择"事件"选项卡，单击"单击"属性单元格右侧下拉按钮，选择"员工信息．打开员工详细信息窗体"，如图6-2-11所示。

（13）单击"员工通讯录"按钮，在右侧"属性表"窗格中选择"事件"选项卡，单击"单击"属性单元格右侧下拉按钮，选择"员工信息．打开员工通讯录报表"，如图6-2-12所示。

图6-2-11　设置"员工详细信息"按钮

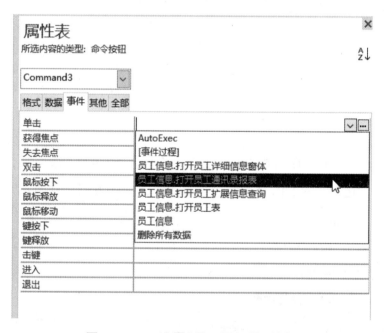

图6-2-12　设置"员工通讯录"按钮

（14）单击"员工扩展信息"按钮，在右侧"属性表"窗格中选择"事件"选项卡，单击"单击"属性单元格右侧下拉按钮，选择"员工信息．打开员工扩展信息查询"，如图6-2-13所示。

（15）保存窗体，将此窗体命名为"员工信息"。

图 6-2-13 设置"员工扩展信息"按钮

【学一学】

1. 宏组

宏组是即若干个宏的集合，用于宏的分类管理。一个数据库应用系统一般需要设计很多个宏，不便于管理和维护，可以根据用途将其分类并组织为若干个宏组。宏组与操作序列宏的创建方法基本相同，不同之处是需要在"宏名"列中分别指定各成员宏的宏名，在"操作"列中设置各成员宏的操作序列。保存宏组时，指定的名称是宏组的名称。这个名称也是显示在"数据库"窗体中的宏和宏组列表中的名称。宏组得到命名方法与其他数据库对象相同。调用宏组中的宏的格式为：宏组名．宏名。

2. 子宏

子宏是存储在一个宏名下的一组宏的集合。该集合通常被作为一个引用。一个宏可以只包含一个子宏，也可以包含若干个子宏。而每一个宏又是由若干个操作组成的。子宏是宏的集合，它是将完成同一项功能的多个相关宏组织在一起，构成子宏。通过创建子宏，可以方便地进行分类管理和维护。子宏类似于程序中的"主程序"，而子宏中的"宏名"列中的宏类似于"子程序"。使用子宏既可以增加控制，又可以减少编制宏的工作量。用户也可以通过引用子宏中的"宏名"执行子宏中的一部分宏。在执行子宏中的宏时，Access 将按顺序执行"宏名"列中的宏所设置的操作以及紧跟在后面的"宏名"的操作。在 Access 中，创建子宏同样也是通过宏设计窗口完成的。

3. 创建子宏

宏中的每个子宏都必须定义自己的宏名，以便分别调用，调用的格式为：宏名．子宏名。创建含有子宏的宏的方法与创建宏的方法基本相同，不同的是在创建过程中需要对子宏命名。

4. OpenTable

我们可以使用 Access 桌面数据库中的 OpenTable 宏操作在数据表视图、设计视图或打印预览视图中打开表。还可以为表选择数据输入模式。OpenTable 宏操作具有以下参数。

（1）表名称：要打开的表的名称。"宏生成器"窗格的"操作参数"部分中的"表名称"框显示当前数据库中的所有表。此参数为必选项。如果在类库数据库中运行包含 OpenTable 操作 Access，需要首先在库数据库中查找具有此名称的表，然后在当前数据库中查找。

（2）视图：将打开表的视图。单击"视图"框中的"数据表""设计""打印预览""数据透视表"或"数据透视图"可以设置该参数。该参数默认值为数据表。

（3）数据模式：表的数据输入模式。这仅适用于在数据表视图中打开的表。单击"增加"（用户可以添加新记录，但不能编辑现有记录）、"编辑"（用户可以编辑现有记录并添加新记录），或者单击"只读"（用户只能查看记录）可以设置该参数。该参数默认值为"编辑"。

5. OpenForm

可以使用 Access 中的 OpenForm 宏操作在窗体、窗体视图、设计视图、打印预览视图或数据表视图中打开。可以选择窗体的数据输入和窗口模式，并限制窗体显示的记录。OpenForm 操作具有以下参数。

（1）表单名称：要打开的窗体的名称。"窗体名称"框显示当前数据库中所有窗体的下拉列表。此参数为必选项。如果在库中运行包含 OpenForm 操作类库数据库，Access 首先在库数据库中查找具有此名称的窗体，然后在当前数据库中查找。

（2）视图：窗体将打开的视图。在"视图"框中选择"窗体""设计""打印预览""数据表""数据透视表"或"数据透视图"。默认值为 Form。

注意：从 Access 2013 开始，数据透视表和数据透视图功能已从 Access 中删除。

注意："视图"参数设置替代窗体的 DefaultView 和 ViewsAllowed 属性的设置。例如，如果窗体的 ViewsAllowed 属性设置为"数据表"，则仍可以使用 OpenForm 操作在窗体视图中打开窗体。

（3）筛选器名称：筛选器限制或排序窗体记录的记录。可以输入现有查询或作为查询保存的筛选器的名称。但是，查询必须包含要打开的窗体中的所有字段，或者必须将其 OutputAll-Fields 属性设置为"是"。

（4）Where Condition：一个有效的 SQL WHERE 子句（不带 Access 用来从窗体的基础表或查询中选择记录的单词 WHERE）或表达式。如果选择具有"筛选器名称"参数的筛选器，Access 会对此 WHERE 子句应用于筛选器的结果。若要打开窗体，并限制其记录由另一窗体上的控件值指定的记录，请使用以下表达式：

［fieldname］= Forms！［formname］！［其他窗体上的 controlname］

其中，［fieldname］表示要打开的窗体的基础表或查询中的字段名称。［formname］表示另一个窗体的名称，［其他窗体上的 controlname］表示希望第一个窗体中的记录匹配的值。

注意：Where Condition 参数的最大长度为 255 个字符。如果需要在 WHERE 子句中输入 SQL，请改为在 VBA 模块中使用 DoCmd 对象的 OpenForm 方法。VBA SQL 最多可以包含 32768 个字符的 WHERE 子句语句。

（5）数据模式：窗体的数据输入模式。这仅适用于在窗体视图或数据表视图中打开的窗体。选择"增加"（用户可以添加新记录，但不能编辑现有记录）、"编辑"（用户可以编辑现有记录并添加新记录），或者"只读"（用户只能查看记录）可以设置该参数。

说明：

"数据模式"参数设置替代窗体的 AllowEdits、AllowDeletions、AllowAdditions 和 DataEntry 属性的设置。例如，如果窗体的 AllowEdits 属性设置为"否"，则仍可以使用 OpenForm 操作在"编辑"模式下打开窗体。

如果将此参数留空，Access 将在窗体的 AllowEdits、AllowDeletions、AllowAdditions 和 DataEntry 属性设置的数据输入模式下打开窗体。

（6）窗口模式：窗体打开时的窗口模式。选择"普通"，窗体将在其属性设置模式下打开；选择"隐藏"，窗体处于隐藏状态；选择"图标"，窗体将在屏幕底部以小标题栏的形式打开，选择"对话框"，窗体的模式和弹出属性设置为"是"。该参数默认值为"普通"。

注意：使用选项卡式文档时，某些窗口模式参数设置不适用。切换到重叠窗口的步骤如下。

①单击"文件"选项卡，然后在"Backstage 视图"中单击"选项"。

②在打开的"Access 选项"对话框中单击"当前数据库"。

③在"应用程序选项"部分的"文档窗口选项"下单击"重叠窗口"。

④单击"确定"按钮，然后关闭并重新打开数据库。

6. OpenReport

我们可以使用 Access 桌面数据库中的 OpenReport 操作在设计视图或打印预览中打开报表，或者将报表直接发送到打印机，还可以限制报表打印的记录。OpenReport 操作具有以下参数。

（1）报表名称：要打开的报表的名称。"宏生成器"窗格的"操作参数"部分中的"报表名称"框显示当前数据库中的所有报表。此参数为必选项。如果在类库数据库中运行包含 OpenReport 操作的宏，Access 首先在库数据库中查找具有此名称的报表，然后在当前数据库中查找。

（2）视图：报表将打开的视图。单击"视图"框中的"设计"或"打印预览"中的"打印报表"可以设置该参数。该参数默认值为"打印"。

（3）筛选器名称：筛选器限制报表记录的记录。可以输入现有查询或作为查询保存的筛选器的名称。但是，查询必须包含要打开的报表的所有字段，或将 OutputAllFields 属性设置为"是"。

（4）Where Condition：有效的 SQL WHERE 子句（不带 Access 用来从报表的基础或查询中选

择记录的单词 WHERE)或表达式表。如果选择具有"筛选器名称"参数的筛选器，Access 会对此 WHERE 子句应用于筛选器的结果。若要打开报表，并限制其记录由窗体上的控件值指定的记录，请使用以下表达式：

[fieldname] = Forms! [formname]! [form 上的 controlname]

其中，[fieldname]表示要打开的报表的基础表或查询中的字段名称。[formname]表示窗体的名称，[form 上的 controlname]表示窗体上包含您希望报告的记录匹配的值的控件。

（5）窗口模式：报表将打开的模式。在"窗口模式"框中单击"普通""隐藏""图标""对话框"可以设置该参数。该参数默认值为"普通"。

7. OpenQuery

我们可以使用 OpenQuery 操作在数据表视图、设计视图或打印预览中打开选择查询或交叉表查询。此操作运行动作查询。我们还可以为查询选择数据输入模式。OpenQuery 操作具有下列参数。

（1）查询名称：要打开的查询的名称。"宏生成器"窗格"操作参数"部分中的"查询名称"框显示当前数据库中的所有查询。这是一个必填参数。如果在类库数据库中运行包含 OpenQuery 操作的宏，Microsoft Access 将先在类库数据库中查找具有此名称的查询，然后再在当前数据库中查找。

（2）View：将在其中打开查询的视图。在"视图"框中单击"数据表""设计""打印预览""数据透视表"或"数据透视图"可以设置该参数。该参数默认值为"数据表"。

（3）数据模式：查询的数据输入模式。这仅适用于在数据表视图中打开的查询。单击"添加"（用户可添加新记录，但不能编辑现有记录）、"编辑"（用户可编辑现有记录和添加新记录）或"只读"（用户只能查看记录）可以设置该参数。该参数默认值为"编辑"。

【试一试】

创建名为"产品主窗体"的窗体，要求打开该窗体后单击对应按钮可以实现以下功能：打开"产品"表、打开"产品订单数"查询、打开"产品详细信息"窗体及打开"按类别产品销售"报表。

【小本子】

以思维导图的模式总结"宏组"和"OpenTable""OpenForm""OpenReport""OpenQuery"相关知识。

任务三　订单查询

【任务描述】

当我们需要根据不同的选择进行逻辑判断以便执行对应操作时，条件宏无疑是最好的选择。本任务通过建立"订单查询"窗体，根据不同的选择打开不同的表的方式，学习如何使用条件宏。

【做一做】

需求：创建图6-3-1所示的名为"订单查询"的窗体，选中对应表前的单选按钮后单击右侧"确定"按钮打开对应表；单击"退出"按钮关闭窗体。

图6-3-1　"订单查询"窗体

分析：本任务中涉及的主要问题和解决方法如下。

(1)创建查询窗体，方法参照本书项目五。

(2)对"订单查询"窗体进行视图设计。

(3)使用If语句创建条件宏。

操作步骤如下。

(1)打开"罗斯文"数据库。

(2)按照图6-3-1创建名为"订单查询"的窗体，方法参考本书项目五。

(3)右击Access对象中名为"订单查询"的窗体，在弹出的快捷菜单中选择"设计视图"选项，结果如图6-3-2所示。

(4)右击"确定"按钮，在弹出的快捷菜单中选择"事件生成器"，打开"选择生成器"对话框，选择"宏生成器"，如图6-3-3所示。

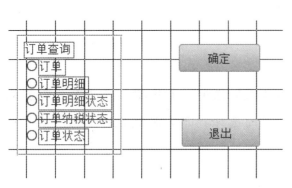

图 6-3-2　窗体设计视图

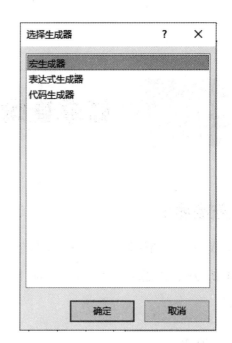

图 6-3-3　设置事件生成器

提个醒

（1）如果之前选择过生成器则不会出现此步骤。

（2）本任务也可使用代码生成器完成，但是本任务是学习条件宏，故不讲解代码的做法，感兴趣的同学可查阅资料自行完成。

（5）单击"确定"按钮。在操作目录中将"IF"流程拖曳到窗体框中，如图 6-3-4 所示。

图 6-3-4　将"IF"流程拖曳到窗体框中

提个醒

引用窗体中的控件值的格式为"[Forms]！[窗体名]！[控件名]"

引用报表中的控件值格式为"[Reports]！[报表名]！[控件名]"

（6）本任务使用的是窗体，故使用[Forms]；本任务所用到的控件所在的窗体名为订单查询，故使用[订单查询]；在创建"订单查询"选项组时，默认编号为 8，故该控件名[Frame8]；按照

顺序，选项组中"订单"选项默认值为"1"，"订单明细"默认值为"2"，以此类推。在"If"后输入
"［Forms］！［订单查询］！［Frame8］=1"设置条件，在"添加新操作"下拉列表框中选择打开表操
作"OpenTable"，在新出现的"表名称"下拉列表框选择"订单"，"视图"下拉列表框选择"数据
表"，"数据模式"下拉列表框选择"只读"，如图6-3-5所示。

图6-3-5　设置"订单"表

（7）在"Else If"后输入"［Forms］！［订单查询］！［Frame8］=2"设置条件，在"添加新操
作"下拉列表框中选择"OpenTable"，在新出现的"表名称"下拉列表框选择"订单明细"，在
"视图"下拉列表框选择"数据表"，在"数据模式"下拉列表框选择"只读"，如图6-3-6所示。

（8）用同样的方法设置"订单明细状态"表，如图6-3-7所示。

图6-3-6　设置"订单明细"表　　　　　图6-3-7　设置"订单明细状态"表

（9）用同样的方法设置"订单纳税状态"表，如图6-3-8所示。

（10）用同样的方法设置"订单状态"表，如图6-3-9所示。

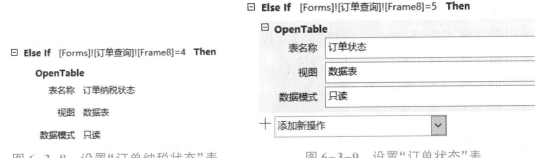

图6-3-8　设置"订单纳税状态"表　　　　图6-3-9　设置"订单状态"表

（11）保存后关闭宏设计。

（12）右击"退出"按钮，在弹出的快捷菜单中选择"事件生成器"，设置事件生成器，在操

作目录中将"CloseWindow"流程拖曳到窗体框中,具体设置如图6-3-10所示。

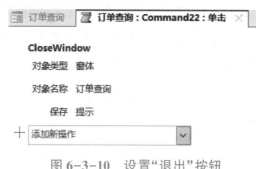

图 6-3-10 设置"退出"按钮

(13)保存后切换到窗体视图,即可实现任务所需功能。

【学一学】

1. 条件(If)

条件是指定在执行宏操作时必须满足的标准或限制,通过输入条件表达式来控制宏的执行。表达式由算术运算符、逻辑运算符、常数、函数、对象、字段名以及属性值等内容组成,其结果为"是"(true)或"否"(false)。当条件表达式值为"是"(true)时执行宏操作,为"否"(false)时则不执行。

2. 条件宏

条件宏是指在宏中的某些操作带有条件,当执行宏时,这些操作只有在满足条件时才得以执行。对数据进行处理时,我们可能希望仅当满足特定的条件时才在宏中执行某个操作,在这种情况下,可以使用条件来控制宏的流程。

3. 创建条件宏

在数据处理过程中,如果希望只是当满足条件时才执行宏的一个或多个操作,可以使用"If"块进行程序流程控制。还可以使用"Else If"和"Else"块来扩展"If"块。在"If"块顶部的条件表达式中,输入一个决定何时执行该块的表达式,该表达式必须为布尔表达式。使用如下格式。

(1)引用窗体格式为"Forms![窗体名]"。

(2)引用窗体属性格式为"Forms![窗体名].属性"。

(3)引用控件格式为"Forms![窗体名]![控件名]或[Forms]![窗体名]![控件名]"。

(4)引用控件属性格式为"Forms![窗体名]![控件名].属性"。

(5)引用报表格式为"Reports![报表名]"。

(6)引用报表属性格式为"Reports![报表名].属性"。

(7)引用控件格式为"Reports![报表名]![控件名]或[Reports]![报表名]![控件名]"。

(8)引用控件属性格式为"Reports![报表名]![控件名].属性"。

4. CloseWindow

我们可以使用 CloseWindow 操作关闭指定的 Access 选项卡或活动文档选项卡(如果未指

定）。（注意：从 Access2010 开始，Close 宏操作已更名为 CloseWindow。）CloseWindow 宏操作具有以下参数。

（1）对象类型：要关闭其文档选项卡的对象类型。单击宏设计窗口的"操作参数"部分中的"对象类型"框中的"表""查询""窗体""报表""宏""模块""数据访问页""服务器视图""图表""存储过程或函数"可以设置该参数。若要选择活动文档选项卡，请保留此参数为空。

（2）对象名称：要关闭的对象的名称。"对象名称"框显示数据库中属于"对象类型"参数所选类型的所有对象。单击要关闭的对象可以设置该参数。如果将"对象类型"参数留空，则同时将此参数留空。

（3）保存：是否在对象关闭时保存对对象的更改。

【试一试】

创建名为"供应商相关信息"窗体，选中"供应商从采购""供应商产品""供应商列表""供应商详细信息"前的单选按钮后单击"确定"按钮打开对应表窗体；单击"退出"按钮关闭窗体。

【小本子】

以思维导图的模式总结条件宏的使用方法及其作用。

任务四 删除所有数据

【任务描述】

想要同时将多个表或报表中的数据删除，我们可以在 Access 对象中逐一打开对应目标进行删除。但是，当我们需要批量删除大量数据时，这样做无疑会带来很大的工作量。此时，我们可以利用宏来简化这一过程。

【做一做】

需求：利用宏同时删除"发票"表、"订单明细"表、"订单"表、"采购订单明细"表、"采购订单"表、"库存事务"表中的所有数据。

分析：本任务中涉及的主要问题和解决方法如下。

（1）创建"删除所有数据"宏，双击运行后弹出提示框，单击"是"按钮后执行删除操作，单击"否"按钮后取消操作。

（2）设置合适的 MsgBox 条件，设置正确的 SQL 语句。

> **提个醒**
>
> 数据操作量较小时宏的作用不明显，当操作量较大时或需要进行大量重复操作时，宏的优势就能完美体现出来。

操作步骤如下。

（1）打开"罗斯文"数据库。

（2）创建宏，详细步骤见本项目任务一。

（3）在"添加新操作"下拉列表框中选择"If"（条件）宏，在"If"后添加条件语句"7 = MsgBox（"是否确实要删除数据库中的所有数据?"，260)"。在"Then"后添加执行语句"StopMacro"，如图 6-4-1 所示。

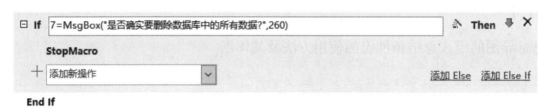

图 6-4-1　添加 If 条件语句

> **提个醒**
>
> 条件语句"7 = MsgBox（"是否确实要删除数据库中的所有数据?"，260)"的"7"表示 MsgBox 函数的返回值意为"否"；""是否确实要删除数据库中的所有数据?""为 MsgBox 的提示语句；"260"也可以写为"4+256"，"4"表示提示框中显示"是"和"否"两种按钮，"256"表示默认按钮为第二个按钮，也就是"否"按钮。括号及括号里边的所有符号，都必须是英文半角。

（4）在"添加新操作"下拉列表框中选择"RunSQL"宏，添加 SQL 语句"Delete ＊ from［发票］"，从而实现删除"发票"表中所有数据，如图 6-4-2 所示。

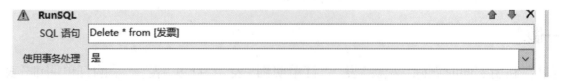

图 6-4-2　删除"发票"表中数据

提个醒

出现黄色三角感叹号图标⚠是因为系统提示这是一个不安全的操作语句，需要慎用。

（5）在"添加新操作"下拉列表框中选择"RunSQL"宏，添加 SQL 语句"Delete ＊ from［订单明细］"，从而实现删除"订单明细"表中所有数据，如图 6-4-3 所示。

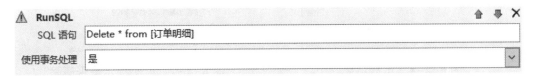

图 6-4-3　删除"订单明细"表中数据

（6）在"添加新操作"下拉列表框中选择"RunSQL"宏，添加 SQL 语句"Delete ＊ from［订单］"，从而实现删除"订单"表中所有数据，如图 6-4-4 所示。

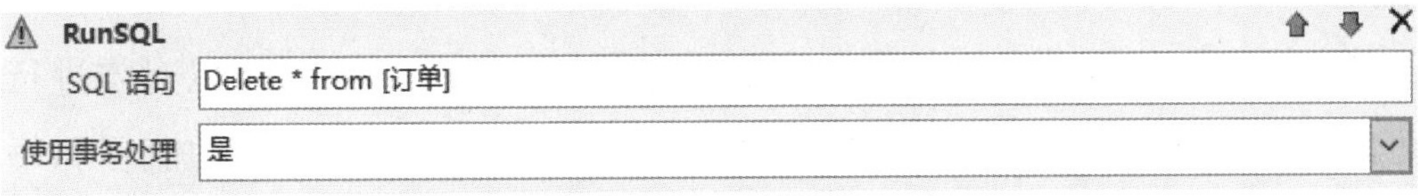

图 6-4-4　删除"订单"表中数据

（7）在"添加新操作"下拉列表框中选择"RunSQL"宏，添加 SQL 语句"Delete ＊ from［采购订单明细］"，从而实现删除"采购订单明细"表中所有数据，如图 6-4-5 所示。

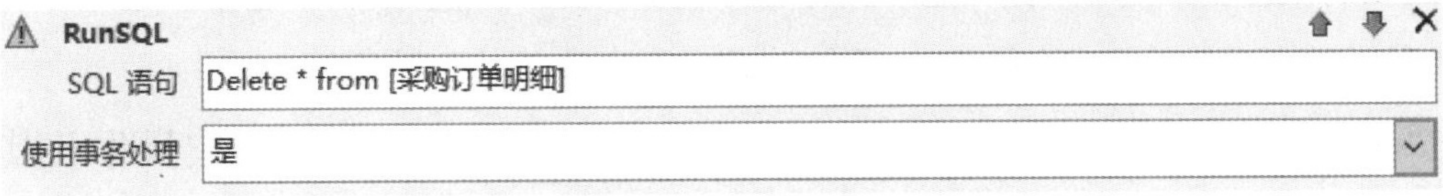

图 6-4-5　删除"采购订单明细"表中数据

（8）在"添加新操作"下拉列表框中选择"RunSQL"宏，添加 SQL 语句"Delete ＊ from［采购订单］"，从而实现删除"采购订单"表中所有数据，如图 6-4-6 所示。

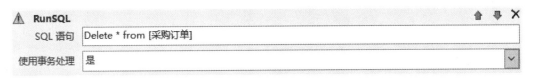

图 6-4-6　删除"采购订单"表中数据

（9）在"添加新操作"下拉列表框中选择"RunSQL"宏，添加 SQL 语句"Delete ＊ from［库存事务］"，从而实现删除"库存事务"表中所有数据，如图 6-4-7 所示。

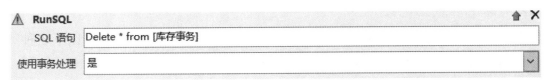

图 6-4-7　删除"库存事务"表中数据

（10）将宏名设置为"删除所有数据"，保存后退出。

（11）双击"删除所有数据"宏，运行结果如图 6-4-8 所示。

（12）单击"是"按钮后系统为了防止用户误操作，会再次提示是否删除，如图 6-4-9 所示。

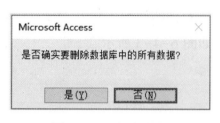

图 6-4-8　运行结果

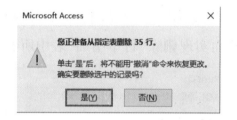

图 6-4-9　再次提示是否删除

【学一学】

1. 调试宏

在设计好宏以后，可能需要检验所设计的宏是否符合需求，这时可以对宏进行调试。在 Access 中可以采用宏的单步执行，即每次只执行一个操作，以此观察宏的流程和每一步操作的结果。通过这种方法，我们可以比较容易地分析出错的原因并加以修改，来完成宏的调试。操作步骤如下。

（1）打开要进行调试的宏，进入宏设计窗口。

（2）在"设计"选项卡的"工具"组中，单击"单步"按钮，使其处于选中状态。

（3）单击功能区中的"运行"按钮，系统弹出"单步执行宏"对话框。

（4）在"单步执行宏"对话框中显示出当前运行的宏的名称和具体的宏操作及其参数等信息，单击"单步执行"按钮，系统会自动执行该步的宏操作。执行完成后，在该对话框中将显示下一个要执行的宏操作。用这种方式，一次执行一个宏操作，并在执行完成后，暂停并显示当前状态。如果要停止该宏的运行，可以单击"停止所有宏"按钮；如果单击"继续"按钮，将关闭"单步执行宏"对话框，同时一次性执行完所有的操作。

2. 删除宏操作

如果需要在已有的宏中删除宏操作，可采用以下 3 种方法。

方法 1：选中要删除的宏，按"Delete"键。

方法 2：右击要删除的宏，在快捷菜单中选择"删除"命令。

方法 3：直接单击宏操作右侧的"删除"按钮。

3. 更改宏操作顺序

对于设计好的宏，我们可以对其中的宏操作调整排列顺序，操作方法有以下 3 种。

方法 1：直接拖动要移动的宏操作到需要的位置。

方法 2：选中宏操作，然后按"Ctrl+↑"和"Ctrl+↓"组合键。

方法3：选中宏操作，单击该操作右侧的"上移"和"下移"按钮。

4. MsgBox 函数

格式为"MsgBox(prompt，[buttons]，[title])"。

prompt 为字符串表达式，用于指定在对话框中显示的信息文本。

buttons 为数值表达式，必须是表 6-4-1 中对应各取值的和，用于设定对话框中的按钮、图标和默认按钮。例如"4+32+256"或"292"，均显示消息框具有"是"和"否"按钮两个按钮，框内显示问号图标，并且第二个按钮为默认按钮。在一组几个按钮中，按"Enter"键时响应的按钮称为默认按钮，它具有深色外框和虚线内框。

表 6-4-1　MsgBox 函数按钮、图标设置表

范围	常数	常数数值	功能描述
按钮种类	vbOKOnly	0	仅有"确定"按钮
	VbOKCancel	1	有"确定"和"取消"按钮
	VbAbortRetryIgore	2	有"终止""重试""忽略"按钮
	VbYesNoCancel	3	有"是""否""取消"按钮
	VbYesNo	4	有"是"和"否"按钮
	VbRetryCancel	5	有"重试"和"取消"按钮
图标	VbCritical	16	有"停止"图标
	VbQuestion	32	问号图标
	VbExclamation	48	感叹号图标
	VbInformation	64	信息图标
默认按钮	vbDefaultButton1	0	第一个按钮
	vbDefaultButton2	256	第二个按钮
	vbDefaultButton3	512	第三个按钮

Title：Title 为字符串表达式，用于指定对话框标题栏的显示文本。缺省该参数表示在标题栏显示 Microsoft Access。

MsgBox 函数的返回值是一个数值，用户将根据操作时按下的按钮来获得相应的返回值。返回值如表 6-4-2 所示，编码时应根据函数返回值来设置动作。

表 6-4-2　返回值表

常数	常数数值	按下按钮
vbOK	1	确定
vbCancel	2	取消
vbAbort	3	放弃

常数	常数数值	按下按钮
vbRetry	4	重试
vbIgnore	5	忽略
vbYes	6	是
vbNo	7	否

5. RunSQL 宏操作

我们可以使用 RunSQL 宏操作通过相应的动作查询语句在 Access 桌面数据库中运行 SQL，也可以运行数据定义查询。（注意：如果数据库不可信，则不允许此操作。）RunSQL 宏操作具有下列参数。

（1）SQL 语句：要 SQL 操作查询或数据定义查询的 SQL 语句。此语句的最大长度为 255 个字符。此参数为必选项。

（2）使用事务：选择"是"可以在查询中包括事务。如果不想使用事务，请选择"否"。默认值是"是"。如果为此参数选择"否"，则查询可能会更快地运行。

【试一试】

在数据库中任选 3 个表、3 个查询、3 个窗体，要求利用宏可实现一步将上述 9 个目标同时打开。

【小本子】

用思维导图总结调试宏、删除宏的步骤和方法。